U0926045

愿你
不争不抢，
却有
岁月打赏

红小猪 著

古吴轩出版社
中国·苏州

图书在版编目（CIP）数据

愿你不争不抢，却有岁月打赏 / 红小猪著. — 苏州：古吴轩出版社，2018.11
ISBN 978-7-5546-1246-0

Ⅰ. ①愿… Ⅱ. ①红… Ⅲ. ①成功心理—青年读物
Ⅳ. ①B848.4-49

中国版本图书馆CIP数据核字（2018）第234416号

责任编辑：蒋丽华
见习编辑：顾　熙
策　　划：王　猛
封面设计：阿　鬼

书　　名：愿你不争不抢，却有岁月打赏
著　　者：红小猪
出版发行：古吴轩出版社
地址：苏州市十梓街458号　　邮编：215006
Http://www.guwuxuancbs.com　　E-mail：gwxcbs@126.com
电话：0512-65233679　　传真：0512-65220750
出 版 人：钱经纬
经　　销：新华书店
印　　刷：天津翔远印刷有限公司
开　　本：880×1230　1/32
印　　张：7.5
版　　次：2018年11月第1版　第1次印刷
书　　号：ISBN 978-7-5546-1246-0
定　　价：38.00元

序 言

有人说，成功都是拼命争来的。不争不抢，就不要谈什么成功和梦想，弱肉强食才是世界的基本法则。

于是有的人一面钩心斗角，一面在惶恐不安中提防他人落井下石。但是，这样的人真的成功了吗？你看他八面玲珑、工于心计，但还是过着朝九晚五的生活。也许他职位比你高一级，工资比你多一点，但他和你一样，始终没有逃脱出生活的囚笼。所谓的诗和远方，他同样没有实现，并要背负着众人怀疑的眼光和内心惴惴不安的压力。

反倒是那些不争不抢，认认真真做自己的人，经得住时间的考验，最终收获了岁月的打赏。

有的时候，平凡一点，踏实一点，没有什么错。这就像树木生长，根扎得越深，越经得住风雨的洗礼。风霜雨雪后，你看得见那些沧桑古树枝繁叶茂，却未必能看见决定它生命长度的百尺虬根。

传说舜居住之所，两三年就可以形成一个村落。舜看到人口增多，便渐渐迁徙到更偏远的地方，把肥沃的土地让给其他居民，但没过两三年，舜的新居依旧可以变得欣欣向荣。

一个人自身的实力才是他成功的法门。有能者，所到之处可柳暗花明；无能者，无论如何争夺都会山穷水尽。

在北京的读书会上，遇见一位从里到外都透着知性和优雅的姐姐，没人会想到，三年前，她还是一个刚大学毕业，从穷山村里跑出来的姑娘。

她说，她不甘心一辈子过一眼看到头的苦日子，就义无反顾地来到了北京。除了一张本科毕业证书，她一无所有。但她相信，自己既然有选择的勇气，就有承担结果的能力。努力，是她唯一的出路。

上班，健身，学习，让她的生活很是“北京节奏”。就这样日复一日，年复一年，她的气质在改变，学识在提高，她的工作能力、生活水平也随之节节攀升。她从没想过，甚至根本不知道如何去争，如何去夺，但岁月给了她最好的打赏。

时间是最公平的见证人，它不受利益的牵扯，没有人情的往来，它只是静静地看着每一个人如何生活、如何思索。对于那些懂得珍惜时间、珍惜岁月的人，它会赠予礼物；反之，它会给予惩罚。

长途漫漫，愿你的岁月不被辜负，愿你也能在坚守自我中，获得岁月的打赏。

红小猪

2018年秋·北京

目 录
content

第一章　层次越高的人，越不会计较太多

第二章　有做事的能力，才配谈功利心

第三章　用你拥有的，换你想要的

第四章　不要讨好他人，不要输掉自己

第五章　别急，你要的岁月都会给你

第六章　世界不会亏待每个敢想敢拼的人

第一章

层次越高的人，越不会计较太多

拒绝知识的人，就是拒绝自己的命运

-1-

我读初中时有个同桌，男生，特别淘气。他上课时从不好好听讲，总喜欢跟别人聊天，即使别人不理他，他也会说个不停，让别人不得安宁。

这个男生因为家里经济条件不错，就一直没把学习当回事。他经常说，自己不好好学习也没什么事，大不了跟着他爸做生意。

初中一刚毕业，他就不再读书了，打算跟着他爸过“吃香的，喝辣的”的生活。然而，我这位同桌是个写一百个字能错五六个字的人。他爸妈以前忙于赚钱，没时间关心他的学习。他们只知道儿子学习不好，但万万没想到会成这样。

于是，同桌就“尴尬”了。没资格跟着他爸“奔小康”，在家待了一段时间后，他只能先出去打打零工。由于只有初中学历，稍好一点的公司都瞧不上他。

可是，同桌从小娇生惯养，根本吃不了苦。曾经，他以为动脑子是世界上最痛苦的事。初中时他曾说："宁愿围着操场跑一百圈，也不愿意留在教室背一个单词。"现在他如愿以偿了，再也不用学习了，然而现实却不如他想象中那般美好。

他的父母渐渐老去，他背靠的大树不再那么好乘凉。"坐吃山空"这个词，在他身上应验了。

小时候，老师、家长总是对我们耳提面命："要好好学习，天天向上，否则你凭什么过上你想要的生活？"

当时的我们不以为意，根本没有担心过未来自己会有怎样的境遇。然而时过境迁，回头再看看那些成绩好的同学和成绩差的同学，前者的人生际遇很大概率要比后者的好很多。从总体上来说，那所谓的"学习好的要给学习差的打工"，只属个例。就像人人都说比尔·盖茨是辍学创业，但有多少人知道他是从哈佛大学辍学的？别说辍学，能考上哈佛大学就算你厉害。

"知识改变命运"这话不是空穴来风。你单枪匹马来到这个世界闯荡，你如果倒下了，也许连拉你一把的人都找不到。

你可能看不起高等学府的书呆子，也可能嘲笑除了读书什么都不会的傻小子，但你永远都不能鄙视知识。

-2-

大学时，听老师讲她教过的一个学姐。

那个女孩刚来时一身“土气”，穿着很“土”的花布衣，梳着一个荷叶头，就是那种把头发紧紧贴在头皮上，从后面用皮筋一扎就搞定的发型，见到生人话都说不利索。然而就是这样一个女孩，考上了中山大学的研究生，现在被派往国外工作。

老师征得这位学姐的同意后，为我们展示了她现在的照片。照片里是一个笑得特别灿烂的女孩，披散着一头长发，站在一座教堂旁，米黄色的风衣随风摆动，全无老师之前说的“土气”。我们完全想不到，这样一个光彩照人的女孩，以前竟是那番模样。

知识不仅能改变命运，还能改变容貌。这种容貌，是一种由内而外的蜕变，你不必担心它会随着时间的推移而消失，经过时间的积累，它反而会历久弥新。

你说知识无用，那我告诉你，知识可以让一个害羞的姑娘获得自信，可以让一个贫穷的学子改变自己的生活，它可以让丑女变得美丽，也可以让一个人从默默无闻变得光芒四射。

你说它没用，不是它真没用，而是它对你没用。而它对你没用的原因只有一个——你没有好好利用它。

你可以回想一下，你有多少回想要读完一本书，最终却连书的塑封都没拆？你在图书馆占座用的物品，是不是连被管理员扔了都不知道？你准备背的词汇书，估计连十页都没翻完吧？

你想说知识没用？我想只是你没用而已。

-3-

百无一用是书生的时代过去了，如今，一切都以知识为起点。

你可以不聪明、不漂亮，但不可以没知识。知识和学历挂钩，但不是画等号。知识丰富的人大都有高学历，但不代表剩下那些人都是山野村夫。

学习是件终身的事情，所谓“活到老，学到老”，不单单是有高学历就可以了。我周围的很多朋友，包括我，每天都在给自己“充电”，无论是仍在学校的，还是已经工作的；无论是忙碌的，还是轻松的，他们都在努力往自己的脑海中填充知识。

我们学校，曾经有位学姐，就像一本活的百科全书，她学的是戏文，了解的知识却不仅限于自己的专业，后来她写的一个剧本获得了全国大奖，还获得了名师指导的机会。

知识就像命运的一个跳板，说不定什么时候，它就能助你一飞冲天、一鸣惊人。拒绝知识，你就等于放弃了向上跳跃的机会，永远只能在原地徘徊。

如果以前，知识只是为你的未来铺一条康庄大道，那么现在，它可以为你的未来开疆破土，这也就是我们常说的“知识变现”。

就拿写文章这件事来说，这有一个前提，就是要用大量的知识来武装自己。你要知道，一个胸无墨水的人，他的笔是写不出文章的。要对得起自己写的每一个字、每一句话，它需要知识的支撑。“读书破万卷，下笔如有神”，没有知识，你谈什么变现呢？

知识的多少，决定你将来生活的优劣。你可以说世界不公平，但你别忘了，那些所谓的“幸运人”，只不过是多掌握了一些知识，而这些知识，是你曾经嗤之以鼻，摆在你面前你都不愿碰的。

你拒绝了知识，也就拒绝了命运，怨不得别人。

你的格局决定你的结局

-1-

同一件事，不同的人有不同的态度，不同的态度就代表了每个人不同的格局。

有朋友或许会问，格局是什么？如果非要给出一个答案，我想格局与见识、气场、心胸都是相关的。从你的格局中，我们可以看到你生活的环境、你所受的教育、你的修养等。

格局越大的人，心胸越宽广，对待事情更能选择体谅和同情；而那些格局小的人，只顾眼前的利益，当别人遇到困难时，他们不仅不能伸出援助之手，还有可能会落井下石。

格局是一个人高贵与低俗的分水岭，它可以预示你未来的命运。有些人可能注定此生碌碌无为，而那些善良的年轻人，即使他们现在还在艰苦地奋斗，但他们的格局可以提升他们的个人魅力，让他们获得更多人的拥护，从而做出更有利于成功的选择。

-2-

格局越小的人，越没办法摆脱自身困境，获得成长。

有一天，我在公交车上遇到一对带着孩子的夫妻。孩子身高超过标准，按照规定，必须购买全票。但孩子的父母对规定无视，只交了两个成年人的车票，就催着孩子赶紧到车厢后面去。售票员看见了，就让孩子的父母补票。但那对夫妻强词夺理说自己的孩子还小，不该买票的。为此，那对夫妻和售票员发生了争执。

当时，全车的人都注视着这一家三口，那个孩子低着头，连眼睛都不敢抬一下。后来有位乘客实在看不下去了，对那对夫妻说："你们要是交不了这钱，我替你们交，别为了这点事伤了和气。"那对夫妻听乘客说了这样一番话，面子也有些挂不住，便自己掏了腰包，补了车票。

车票只有一元钱，而且按照规定，这是他们应该交的。为了本该自己承担的一元钱，而与别人争得面红耳赤，影响了自己的心情，也耽误了大家的时间，这样的买卖不划算。

如果你的生活不富裕，你应该考虑的不是如何钻规章制度的空子，为自己省下一分一毛，而是要考虑如何努力，增加收入，为家人谋取更富裕的生活。

格局不同，选择不同。有的人缺钱靠省，有的人缺钱靠赚。省钱的人只知道在自己有限的能力里，雁过拔毛，甚至坑蒙拐骗，而赚钱的人懂得突破自身局限，使自己增值，从而获得更多的财富。前者的格局就像小湖里的一叶扁舟，而后者就像汪洋大海中的一艘巨舰，两者自然不能相提并论。

心中的格局有多大，你能提升的空间就有多大。你以为你比不上那些成功人士，仅仅是因为自己不够幸运？当他们选择破釜沉舟，追寻梦想时，你可能还窝在家里看影视剧；当他们选择宽容体谅、广结人脉时，你可能还在为同事犯了错而幸灾乐祸。

你的格局已经与那些成功人士差了一大截，又如何与他们比肩？

-3-

那么，如何才能做一个大格局的人？

你可以先多和大格局的人交流。这里的大格局的人，不一定是我们常说的那些名人、伟人，也可以是生活中的一些有资历、有智慧的伙伴。

“三人行，必有我师焉。”但凡比你优秀的人，他们的思维、想法、眼界必定会在某部分优于你，而你要做的，就是把他们的长处挖出来，找到你与他们之间的差距。

我有个学姐，大学毕业后去了美国留学，回国之后被各大企业争抢，这在我们这所普通院校算是个小奇迹。当时，我印象最深的，就是这位学姐特别喜欢跟比她优秀的人打交道。她说，一个人的格局很重要，这就像你看风景。有的人看风景用的是眼睛，他看到的只是脚边的一亩三分地；而有的人用望远镜去看，他可以看到远处的群山；更有甚者，他能看到宇宙的群星。而跟什么样的人在一起，就影响了你看世界的方式。

格局，不是一个泛泛的概念，只有你真真切切地看到拥有大格局的人什么样，你才能知道，自己该如何做。

另外，你也要记得：读万卷书，行万里路。估计有朋友要说，怎么又谈读书啊、旅行啊，俗不俗？既然都说俗了，那么你又做了多少呢？这么多人都在跟你说读书重要、旅行重要，这就证明它真的很重要。

读书与旅行的好处，我是有切身体会的。

记得上中学的时候，老师特别喜欢让我们背作文选，目的是让我们作文得高分。当时我就特别不理解，为什么一定要把别人写出来的话，原封不动地背下来才叫优秀？那些作品的作者，难道也是通过背所谓的“句子大全”才成功的吗？这不就和别人把嚼烂的东西吐出来，你再吞进去，是一个道理吗？

所以，当时我特别犟，老师要求背好词好句时，我就去读别的书。我读了大量青少年版本的名著，认真研究了名家的写作技巧，比如遣词造句、叙事方式、情节设置等，然后运用到我的作文中。渐渐地，我的作文水平得到了提升，不背作文选的我依旧可以拿高分。

这些少年时代积累下来的经验，也让我看待事物的方式有了很大改善，对我后来的学习、生活都有很大帮助。就像我选择写作时，别人都认为写作没什么发展前途。但事实证明，我现在已经拿到了稿费，而当年那些质疑我的人都反过来向我请教如何写稿。我告诉他们，写作与读书息息相关，多读一些优秀的文学作品，再加上勤加练笔，就能提高写作水平。

旅行比起读书更直观。通过游览不同的城市，你可以了解各种各样的风土人情，发现这个大千世界的多姿多彩。

比起井底之蛙，万里鲲鹏多的就是头顶那片天。青蛙的天只有井口那么大，而鲲鹏的天却是无边无际。想要开拓自己的天空，就要让双脚踏遍千山万水。

有些事，只有当你真正理解了、实践了，才懂得其中的意义。你可以说我讲的是无稽之谈，也可以说这些话都是绣花枕头，中看不中用。但有的人就是凭它成功了，你能说什么呢？

想要一个好的结局，就从你的格局开始改变。

对不起，我不需要你居高临下的友好

-1-

你有没有遇见过这样的人——

美丽、温柔、乐于助人；过着众星捧月般的生活，却没有丝毫骄傲之心；她喜欢结交和自己差距很大的朋友，并对你关爱有加，遇到任何事都是一副“没关系”的态度。

所有人都说：“这姑娘这么好，谁要是说她有问题，绝对是那人自己有问题！”

但事实真的是这样吗？

我大二时曾做过一段时间助理，当时办公室里有一位前辈。说是前辈，也只是比我早进公司一个月的一位小姐姐。

刚开始见到她，觉得和她很投缘。她对我很友善，中午会拉着我一起去吃饭，我有什么地方不明白，她都会耐心地解答。我当时真是万分感激，觉得自己能遇到这么好的小姐姐简直赚到了。

但随着时间的推移，我越来越觉得不对劲。在和她交流的过程中，我很难找到一种平衡感，即我无法和她进行平等的交流。

每次我见到她，她都是以一种“上帝”的姿态出现，并且每次她帮助了我，都一定要做到人尽皆知。于是办公室的叔叔阿姨都会夸她：“瞧这姑娘多好啊，优秀还平易近人。”而我就成了那个常常被“平易近人”的好姑娘帮助的傻姑娘。

但奇怪的是，在我与她单独交流时，她的态度却有点冷淡。在微信上，她的一句“嗯”“哦”，与办公室里热情的模样判若两人。

她可以帮助我，但也仅限于帮助我，她不会与我推心置腹，也不会和我相交莫逆。我和这位小姐姐的关系，被她很好地保持在帮助与接受之间，似乎我的存在就是为了接受她的帮助，而我们之间永远隔着一层纱。同时，我也无法从其他人那里寻求解答，毕竟围观者只能看见小姐姐乐于助人的一面，不会有人关心我到底怎么样。别人帮你，你还敢不乐意？你还是不是人！“谁付出，谁有理”，这是所有人的共识。

直到后来，我因为文笔不错得到领导表扬，在我回头的一刹那，我看见小姐姐冷漠的眼神。这之后，她再也没理会过我。

我突然明白，以前这位小姐姐与其说是在帮助我，不如说是在满足她的全能自恋。

这位小姐姐，她就是一直在做施舍者，而我必须扮演一个受难者，否则她就会崩溃，之后我得到领导表扬时她的表现，就是最好的证明。

-2-

检验或者对付这种“伪善者”最好的办法，就是在某件事上超越他。

真正对你好的人，会替你高兴；而“伪善者”要么无动于衷，要么心怀愤懑。“伪善者”会对你友好，是为了弥补内心的空缺，在对你的同情或是帮助中展示自己的优越。

他们不懂得双赢的意义，一味寻找比自己弱小的人，从而营造一个自身成长的幻象。

换句话说，这种“伪善者”无法成长，他们只有把别人压低，才能显出自己的优越，而这种优越，在别人的快速成长下会变得不堪一击。

不过有时候，你成为满足别人优越感的工具是有原因的。促成一件事情的发生，需要多方面的因素，正所谓“一个巴掌拍不响”，为什么有的问题会找上你？仅仅是因为对方不好吗？这是你在抱怨前更需要反思的问题，当你想明白了，才会走得更远。

努力的人总比不努力的人更幸运，远离那些居高临下的“伪善者”的概率也会更高。你只有不甘于平庸，才有机会超越那个一成不变的人。你如果超越不了，说实话，你就是受了再多委屈也没人替你申冤。这是个能力至上的时代，你如果没本事、没能力，又凭什么指责别人对你如何如何？

当有一天你变得强大时，再看那些居高临下、自以为优越的人，你会发现，他们脆弱得不堪一击。

他们就像是跳梁小丑，比起可恨，更加可怜。

总有一天，你可以高昂着头颅从那些“伪善者”的身旁走过，用行动告诉他们，我不需要你们的施舍。同时，你也可以让他们明白：我的优越，从不需要居高临下！

你凭什么对得不到的东西嗤之以鼻

-1-

前几天跟某位朋友去书城买参考资料，由于路远天热，又要转两次车，中途我就口干舌燥。不过倒霉的是，我没有带水，还没走到书城，我就感觉自己要虚脱了。

我本想就近买瓶矿泉水，但环顾四周，连一家超市都找不到。走了半天，只有一家咖啡馆孤零零地坐落在众多高楼之间。我查了查手机地图，发现离书城还有一段距离，想着不如就在这里休息一下，正好解决我的口渴问题。于是，我拉着朋友进了咖啡馆，点了杯果汁。我感觉让朋友坐在对面，看着我“呼哧呼哧”地喝饮料有些不太好，便给她点了杯咖啡。

两杯饮料上齐，正当我享受片刻的放松，准备把果汁一饮而尽时，传来了对面朋友极其不屑的声音："这个品牌其实很low（低端）啊。它的美式算不得正宗，拿铁的奶泡恐怖到极致，滴滤咖啡大多是过期的……"

听她说完这段话，我喝什么的心情都没有了，我不知道她哪里冒出了这么多"见解"，我只是渴了，想喝杯饮料解渴而已。更可笑的是，她一边批判着这个品牌的咖啡有多low，一边把我给她点的焦糖拿铁喝得干干净净。你不是说拿铁的奶泡恐怖吗？为什么你还要喝呢？

听着她口若悬河地在我对面讲这家咖啡店的各种缺陷，我有点受不了了，生怕她讲到我点的这杯饮料时，让我倒胃口，于是我便问她："你来过这家咖啡馆几次？""这是第一次。"听到这，我笑了笑，没有再说话。

我记得，平时这位朋友对咖啡并没有多少研究，这次要不是我渴得要命，也不会带她到这里，但这些都阻止不了她对自己不了解的事物大肆批判。

如果我对面坐着的是一个经常接触这个品牌，并对咖啡颇有了解的人，他如何评判我都可以理解，但我容忍不了的是，你对它什么都不了解，甚至你连批判的咖啡都没喝过，你却凭着不知在哪里了解来的信息大肆评论，这就很不应该了。

没有实践，就没有发言权。对于不了解的事物，不仅不能做到耐心观察，还要横加指责，我想这是没品的表现。这就好像某公司刚入职的职员，不跟着师傅多学习，反而四处指手画脚，你以为这样显得你厉害？在别人眼里你就是个傻子。

对你得不到的东西嗤之以鼻，这种做法才最是让人嗤之以鼻。

-2-

什么是嗤之以鼻？是你对某件事或某个人表示出极大的不屑。这是一件很有风险的事。

当你对某个事物下了定论，这就意味着，你已经对其进行了充分了解，至少你亲身体验过。这样你才有足够的信息储备来证明你的观点，并能应付来自其他人的质疑。

就像美妆博主往往是对各类化妆品有深入了解的人，主治医生一般是做过很多场大手术的人，顶级名厨往往是见识过众多美味的人。只有这样，他们才敢对你说，哪些地方是好的，哪些地方不好。因为他们有经验，有亲身体会，说出的话必然经过大量的实践，而不是信口雌黄，想说什么就说什么。

总之，你在批判某个事物之前，一定要对它有所了解，否则你凭什么对此提出质疑？

有一次去舅妈家聚会，同来的还有另一户人家，据说他家儿子壮壮刚刚高中毕业，高考考得很不理想，最多就能上个专科学校。而不巧的是，舅妈家的小姐姐是个学霸，从小学到大学都是名校。为了避免尴尬，大家就没有提考试的事。

吃饭的时候，小姐姐还在学校做实验，所以没有赶回来。有人就问了句，小姐姐怎么没回来吃饭。舅妈也没在意，就说她在学校忙，天天做实验、写数据，没有时间回家。

本是随意一说，但说者无意，听者有心。壮壮认为他们在旁敲侧击说自己学习不好，便嘀咕道："重点大学了不起吗？还不是书呆子。我就不觉得重点大学有什么好的，请我上，我还不上呢！"

此话一出，餐桌上的气氛瞬时凝固了。壮壮的母亲一个劲掐他大腿，示意他少说几句，脸上浮出愧疚的表情，而壮壮的父亲也黑了脸，不知道该怎么圆场。

这时，壮壮对面坐着的一个小姑娘，冷哼一声，慢条斯理地说道："你上过重点大学吗？没上过就别瞎说。"

这下可好，众人都坐不住了，好好一顿饭，眼看就要提前结束了，大家只好尴尬地给舅妈赔笑，随后纷纷回了家。

回想整件事情的经过，小姑娘那句话不无道理。没错，既然你上不了重点大学，又凭什么说重点大学不好呢？这不摆明着是吃不到葡萄就说葡萄酸吗？

其实，最有权利评论此事的，不是壮壮，不是小姑娘，也不是你我，而是一直在学校做实验的小姐姐。她经历了四年重点大学的校园生活，了解重点学府的教学模式和日常规章。因为她每一天都参与其中，所以最有发言权。而只能上专科的壮壮，他没有进入高等学府的实力，却对这些名校嗤之以鼻，这是很让人瞧不起的行为。不仅让自己形象大跌，也是在给别人心里添堵。

-3-

有些事既然你没本事做到，就请不要嗤之以鼻，因为你未经历过，就没有发言权。无根据地胡说八道，只会误导其他人，也会让原本毫不知情的当事人“躺着也中枪”。

当然，你可能会说，现在并不是所有的评论家在评论某件事时都要到现场亲眼看一看，难道软件工程师评论某款软件时，还要事先制作一款同类软件做对比吗？

要注意，我提到的“没本事得到”和“有本事得到，但人家没要”是两码事。你也知道你刚刚反驳我的例子都是一些专家级的人物，这些人实际就属于后者。他们有能力、有智慧、有经验，足以帮助自己判断一些事物的性质，和那些什么都不是的人根本就不在一个层次。

我批判的是“没本事得到”的人，而不是“没有得到”的人，这并不是一个概念。

没本事得到就嗤之以鼻的人，就像有的男孩向女生表白被拒，就开始想方设法污蔑女生，变态到“我得不到，我就毁了她”的地步，你说这种人能不被批判吗？

而有的人是从人转移到了具体东西上，比如第一个例子里的咖啡馆，第二个例子里的重点大学。

如果你想得到某件东西，就去努力争取，如果你能力有限，没有得到，最起码也要对这件东西抱有一丝尊敬，而不是冷眼相加。

为什么层次越高的人，计较得越少

-1-

以前常有人跟我说：“你要摆摆架子，别看到信息就立马回，不要有什么就说什么，否则你会显得很好说话，他们就不再把你当回事……”

我不知道什么时候，“好说话”变成了一个贬义词，难道我为别人开了方便之门，别人反倒要回过头来嘲笑我？难道善意的援助在别人眼里反倒成为好欺负的标志？

我不认同这种观念，但有时不得不承认，生活中总有那么几个“不知好歹”的人，一边消费你的善意，一边还要嘲笑你的“无知”。

我就遇到过这样的人。

因为当过省杂志社的编辑，很多人会来咨询我一些投稿的问题，面对大家的询问，我总是知无不言，言无不尽。

那些求帮忙的人刚开始还会客客气气地请我提点宝贵意见，到后来就直接把稿子丢过来，让我尽快改好，连“谢谢”都不说一句。

我并不是需要那一句“谢谢”，也不是要求他们给我什么好处，我只是希望，当我熬夜给他们看稿子，把我知道的写稿技巧一五一十地告诉他们时，他们要明白：不是所有人都闲得没事做才去帮你，那些在你求助时能及时回复你的人，只是将心比心。

我体会过求人的难处，我也理解他们的心情，所以我毫无保留地帮助他们。但是，我的善意、我的帮助被当成了理所当然。那么，抱歉，以前是我太善良，现在不得不对他们“狠”一点。

的确，当我不再那么热心时，那些求我帮忙的人反而开始珍惜我的每一次帮助，我额外的工作量少了，大家对我的态度反而好了许多。

但我知道，每一次当我话只说一半，其余一半留给他们去悟时，他们将又要多绕一个弯；当我不再理会微信里时不时冒出的消息时，我明白，又会有几个还在奋斗路上拼搏的人失望。

很残酷，很无奈，但又很现实，有时候，你走的那条路是你自己铺就的，我给你扫掉几块石头你不乐意，那好吧，剩下的留给你自己，没有人会去帮你。

越轻易得到就越不会珍惜，这已经成为很多人的共识。

因此，恋爱讲欲擒故纵，女孩不会轻易答应男孩的求爱；因此，前辈们讲架子，摆出一副“高冷”的样子。

有人责怪对方太清高，可惜他忘了，每个人在出生时都是一张白纸，只不过是那些不懂得珍惜的人太多，我们才不愿意再做个一味付出的“傻子”。

如果你不珍惜轻而易举打开的方便之门，那么你有什么理由埋怨别人对你不讲情分？

-2-

《伊索寓言》里讲，当初普罗米修斯奉宙斯之命造人时，特意在每个人身上挂了两个口袋——胸前一个装别人的缺点，背后一个装自己的缺点。

结果，人们一低头就能见到别人的不足，却很少回头找自己的毛病。

很多时候，我们总是在埋怨对方，把对方钉到道德的十字架上，仿佛自己是天底下最大的苦主。

为什么他有什么事都不愿意告诉我？为什么他有什么东西都不愿意和我分享？

可是你忘了，每当那个人兴高采烈地跟你聊天时，你都在看手机；每当那个人跟你做同一件事时，你都以自我为中心，而忽略了他的感受。

很多问题都是双方的，别人对你的态度，可能就反映了你当前的状态。反思一下自己，很多百思不得其解的问题都会有答案。

不过，也不能把所有棒子都打向自己。也许你珍惜身边的每一个人，对大家的帮助心怀感激，但依旧有人对你视若无睹。

不错，那些对你冷若冰霜、置若罔闻的人，未必都遭遇过心灵的“创伤”，毕竟遇到“白眼狼”的概率不大，但他们有时会因为嫉妒心理而看不惯你。

记得我刚开始接触编辑工作是在大一，当初被老师派到校报编辑部也是歪打正着。

那时我是编辑部里唯一的大一的学生，又不是科班出身，对编辑工作几乎是一无所知，我向学姐们请教，她们只是简简单单地说看看稿子，至于要如何看，侧重点在哪里，她们根本不告诉我。

后来有人跟我讲，编辑部只有大三学生才能进，你初出茅庐就被老师调到这儿来，自然有人会嫉妒。

说实话，当时有种手足无措的感觉，完全不知道自己在做什么，但现在想想不免觉得可笑。

那些因害怕被超越而拒绝施以援手的人，实际上是对自我的怀疑。

你担心被别人超越，说明你自己本身就实力不足，你在别人眼中并非那么完美。如果你一直在进步，那点被你视若珍宝的“经验”还算什么？

你在乎的，往往能反映出你的水平。为什么层次越高的人，反而计较得越少？不是说他有多宽容，而是有些事根本入不了他的眼。

你可能还在抱怨公交车上谁踩了你一脚，而他可能想的是下半年的工作计划该怎么安排。这叫气度，叫眼界，叫高度。

其实你根本不必担心自己的劳动成果被别人轻易得去。你可以成为第一个掌握某项能力的人，但受教者故多，青出于蓝者毕竟是少数。

有一阵子，为了学会一种制图技巧，我经常熬到深夜。我学会后，很多人向我请教。

说实在的，自己辛辛苦苦学到的成果，这样让他人轻易得去的确挺心痛，但我明白，我在摸索这项技巧时的分析能力、思维方式和知识结构都是他们得不到的。

生活中不缺技能，缺的是获取技能的方法，也就是思维框架。

我研究出某个问题的解决方法，可以把它教给他人，表面上我们获得了相同的能力，实际上，我还拥有了解决此类问题的思维，当我再遇到类似问题时，依旧可以调用上一次的思维模式，但他人未必行。

所以，你根本没必要计较那点经验，你所拥有的，是那些主张拿来即用的人永远无法比拟的。

-3-

你的眼界放在哪，你的层次就定在哪。

记得和F先生去看《28岁未成年》，影片中茅亮向一位卖猪肉的大叔买回原属于自己的iPad，但由于没带够钱，茅亮恳求对方便宜点，对方琢磨了一会儿答应了，最后却在iPad上砍了一刀，说这回值这个价了。

当时F先生小声对我说："这个人一辈子也只能卖猪肉。"我想，这应该是对眼界最好的诠释吧。计较眼前的蝇头小利的人不会有大成就，我也相信，没有人愿意去跟一个"葛朗台"打交道。

我们都是在奋斗路上努力奔跑的人，都渴望能得到他人的一臂之力，但没有人愿意给"白眼狼"作嫁衣。

当你遇到一个愿意无偿帮助你的人，请珍惜；但如果一开始，那个人根本没搭理你，也不要在意，可能他想守着自己的"宝贝"过一辈子，而你，有机会去获得更好的。

愿我们不是那个不知珍惜的“白眼狼”，也不是那些斤斤计较的“葛朗台”。有些事值得我们去重视，而有些大可忽略。

我们未来的路或许阻碍重重，但希望造成这一切的不是自己。

珍惜所拥有的，你的路会顺畅许多。

姑娘，你为什么活得这么累

-1-

你有没有这样的经历：每天累死累活，却看不到希望；害怕不能给别人留下好印象，而处处迁就；明明是别人的事情，却硬要塞给你，你看着他们逍遥快活，却无法揭穿；天天喊着活得大度一些，却因为别人一句无心的话而耿耿于怀……

尽管你心中有万般不愿，但还是要挤出一副“没关系，我很好”的样子，宁愿在家埋怨，也不敢跟人家说一个“不”字。

你是这样的人吗？我是。或者，我曾经是。

以前我脾气很好，都说脾气好的姑娘命不错，可我并未感觉好脾气带给我多少好运气。

大三，我们统一组织实习，我被安排在一所学校。我的指导老师突然喜欢上一家食品店的豆干，于是天天派我去买。那家店离学校不近，我每次去都要打车，来回车费都抵得上一天的饭钱了。那位指导老师连句“谢谢”也不说，紧接着就把整个年级400多份卷子扔给我，让我上午必须批完。我实在忙不过来，忍不住跟老师商量能不能宽限一点时间。结果，那位老师连头都不回，说了句：“你不是有吃饭的时间吗？”搞得我差点崩溃。

然而这仅仅是冰山一角。

我曾花一个半小时，用一台近乎报废的打印机，将141页单面卷子印成双面，只因为那是我指导老师女儿的要求。

我每天忙得团团转，偶尔太累了趴在办公桌上小憩，都要被指导老师叫醒，冷冷来一句：“这是工作的地方，要休息你就回去！”

我差点想甩手走人，却愣是一个“不”字都没说。

直到我一个室友问我：“你为什么不拒绝？”

是的，我为什么不拒绝？

-2-

小时候受家庭教育影响，总认为说“不”是一种可耻的行为。童年，我的长辈们教会我一件事——无限度地妥协和忍耐。似乎只有这样，大家才可以相安无事；只有这样，大家才会喜欢我。

但实际上，没有人会因为你的妥协而让步。有时候，你以为息事宁人，别人却变本加厉。

把自己的情绪掩藏，只会让他们有更多的理由剥削你。

在又一次前往实习学校的路上，我望着车窗上映出的脸，沉思良久。在快下车时，我默默对自己说了声："不！"

那天，我最后一次给我的指导老师买回了豆干，平静地告诉她我的想法。指导老师一脸错愕地望着我，半晌没说出话。这之后，指导老师再也没让我干过什么私活。最后我的实习成绩还不错，毕竟，实习考核里没有买豆干这一项。

有些事我们需要忍耐，但有些不能。面对无礼的要求，我们有权说"不"。有些事，你今天忍了，明天忍了，后天也忍了，但你想忍一辈子吗？当你的孩子降生，你还打算让他继续忍吗？

说"不"，是一种胆量，也是一种智慧。善于说"不"的人，未必可以成龙成凤，但至少不会活得忍气吞声。

-3-

你之所以不敢表达自己心中的想法，不敢据理力争，其实是因为你内心深处的恐惧，即害怕被拒绝。

当你反驳了一件事，或表达了自己的看法，你会形成一个能量体，这个能量体很容易影响甚至威胁到他人。这时你的潜意识里就会担心：我会不会伤害到他们？他们会不会因此觉得我不够好？并由此延伸，以后我的请求万一得不到大家的同意怎么办？

尽管你也许不会提出任何请求，但因为害怕被拒，你还是先做了“好人”——对所有人的要求照单全收。

生活中这样的故事俯拾即是。

再举个我的例子。

每次我向别人提出请求，无论是亲密还是陌生的人，我都会习惯性地加上一句理由，而且是我自认非常充分的理由。

比如，我需要一杯水，但水离我太远我拿不到。一般人会说：“可以帮我把那杯水拿来吗？”而我会说：“可以帮我把那杯水拿来吗？离我太远我拿不到。”

为什么会多加这一句？其实这反映了我“害怕被拒绝”的心理。那时的我，把自己放在一个极低极低的位置，我认为我的请求发出来，他们的第一反应会是拒绝，所以我会说出一个无懈可击的理由，让他们无法拒绝，这样我才能感到安心。

但实际上，你真的那么容易被拒绝吗？

你是否能找出自己可能被拒绝的理由，哪怕一个？如果找不到，你又为什么要担心、忧虑、害怕、恐惧？

-4-

梅拉尼·芬奈尔在《战胜低自尊》一书中提到一个词，叫“低自尊”。她指出，低自尊是一种你对自我的品质和价值有负面的核心信念的表现。比如，你可能觉得自己软弱无力，不够优秀，配不上美好的人和事物，等等。

这时的你，还未曾正视自己，你可能觉得自己不够好，大家随时可能打击你。在其他人未对你做出判断时，你已经先把自己钉在了十字架上，不得翻身。

要想别人爱你，首先要学会爱自己。很多时候，不是大家认为你怎样，而是你认为自己怎样，你的态度塑造了你的人生，其他人不过是映射你内心的一面镜子。

我曾一度苦恼于自己的“低自尊”。凭什么别人向我提出要求，我都可以爽快地答应，而我向别人提出要求，连自己这关都过不了?

因为你把自己一棒子打死了。其实，你不比他们差，甚至你比他们更优秀，只是你被怀疑蒙住了双眼，看不到真相。

曾认识一位非常优秀的姐姐，她说:“我欣赏你，你才是个人物；我不欣赏你，你什么都不是。”

是的，我欣赏你，你才是个人物。出发点是“我”，而不是“你”。

生而为人，懂得平等。这种平等不是地位和财富，而是你看待自己的视角。如果你先让自己矮一截，又如何让别人高看你一眼？

朋友，不要害怕改变，这是一个“迭代”的时代，要想活得更好，就必须改变自己。改变，意味着提升；一成不变，只能失败。

每天醒来，大喊三声“我要”。告诉自己，我有权说出自己的想法，有权为自己做主！

你是想活得肆意畅快，还是满腹委屈，全看你。

既要有快乐的心态，也要有忧患意识

-1-

在我眼里，琳琳是个优秀的女孩；在琳琳眼里，自己是个总能遇到麻烦的倒霉鬼。按照琳琳自己的话说，她总是在遇到困难时和解决困难的过程中艰难爬行。她从来没感觉自己多优秀，反而因为自己常常遇到困难而苦恼。

琳琳上学时成绩十分优异，但因性格孤僻，不爱说话，同学们都很少与琳琳接触。上大学后，琳琳发现自己不爱说话的毛病给自己带来了很多困扰，为了改变自己，她参加了很多社团，还逼着自己站在台上与人交流。她参加了很多次校、市、省的演讲比赛，还一路杀到过前三。大家都认为琳琳是个才华横溢的姑娘，只有她自己知道，强迫自己跟陌生人交流有多痛苦。琳琳虽然现在孤僻的性格改善了很多，但一想起要与新交的朋友打成一片，还是很难受。

大二的时候，琳琳在电视台做兼职。在很多同学找不到工作，或是只能做家教、发传单时，琳琳的工作是让人羡慕的。不用风吹日晒，还可以积累工作经验，而且赚的薪资也要比其他同学的多，大家认为，琳琳拥有这些应该是很开心的。

不过事实正好相反。琳琳作为一个兼职员工，每天要学很多的东西，偶尔还会出现差错。在别人眼里坐在办公室吹吹空调、做做采访、写写稿子就能赚几千块钱的琳琳，其实要付出很多努力。琳琳每天想的都是如何做得更好，自己的工作有没有失误，甚至睡觉的时候，都会梦到白天工作的内容。

琳琳说，自己每天都很累，满脑子想的都是工作，并没有多少快乐。

到了大三，琳琳工作能力已经很强，但她并没有觉得多开心，而是投入了新的挑战中。琳琳说自己知道的东西太少了，这样到了社会，竞争力就会大大降低，她必须给自己充电，让自己更强大。

我们都劝琳琳，不要这样逼自己，她为什么总是和自己过不去，要让自己不快乐呢?

琳琳说："我的能力还远远不够。"

优秀的人希望自己更优秀，他们不会安于现状，所以会严格地要求自己、鞭策自己，使自己更上一层楼。

这就像打怪升级，你每打败一个怪兽，你就可以提升一级，之后你还要打败下一关的怪兽，这样才能继续提高。

成功对他们来说只是暂时的，长期与困难做抗争的那种孤独感才是永恒的，因此在大众眼中光芒万丈的成功者，并不会因成功而停下脚步，他们只会觉得自己总是要解决新问题，累得喘不过气来。

-2-

优秀的人之所以优秀，就是因为他们能看到自己的不足，这些不足让他们感到忧虑；而那些自我感觉良好的人，根本看不出自己的毛病，麻痹了自己的神经，活在一种快乐的假象里。

我周围有很多同学，每天都过着极其潇洒的日子，追追剧，逛逛街，没事出去聚聚餐。

而我就比较惨了，每天提着电脑，辗转于图书馆、食堂、寝室，上课之前那几分钟，都要抓紧写稿子。

有时候同学会说“剧荒”，不知道最近看什么好，而对我而言，根本就没有看剧的时间。

有人建议我停下来休息一下，不要逼自己太紧，但我不愿松懈。因为只要你稍一停下，可能就会有人超过你。我必须努力让自己进步，才能心安。

你不前进，别人就会前进，原地踏步就意味着后退，我又怎敢贪图享乐呢？

如果你现在不快乐，不要担心，这是好事，至少证明你还有上升的空间，你可以变得更好，比起其他人，你已经幸运很多。

-3-

人要快乐就必须经历痛苦，没有痛苦的快乐不是真正的快乐，那叫颓废。

人的情绪是趋利避害的信号。如果人类只知道醉生梦死，早就灭亡了。人的每一种情绪都有其存在的意义。快乐意味着安于现状，而痛苦则代表你需要改变。

如果人一直生活在快乐里，那么他就没有了提升、改变自己的能力，就像一个人缺少了痛觉，别人捅你一刀你都察觉不到，你是不可能活太长久的。

我不是要你杞人忧天，天天担心天会不会塌下来，这种虚无缥缈的事与你无关。你要担心的是自己够不够优秀，是否可以继续努力，你的松懈会不会使其他人超过你。

人生不如意事十之八九，这个世界不会有永远快乐的人。如果你感觉自己现在特别快乐，那么你就要注意了。危险永远都藏在看不见的地方，你没发现它并不代表它不存在，你之所以快乐，很有可能就是因为忽略了那些潜在的危险。

上学的时候，班主任给我们讲了一个故事：

他教过一个学生，很聪明，就是马虎。有一次，这个学生考完试从考场出来，班主任问他考得怎么样，那学生自信满满地说："老师，这次考试题目太简单了，我全会，保证能得一百分。"当时，班主任就判断，这场考试那个学生要考砸。果不其然，最后成绩公布出来的时候，这科是那个学生考得最差的。

老师说："出题人不傻，不会只给你出送分题。你越是觉得简单，就越说明里面有很多问题你没有发现，最后等待你的，很有可能是惨败。"

我们的生活也是一样，你可以有寻找快乐的心态，但必须要有居安思危的意识。越智慧的人，思虑越远，因为知道得越多，思考得就越多，预见的问题也会越多。

他们清楚，自己的生活中还有很多问题要去解决，也正是因为有这样的忧患意识，他们实际遇到的问题并不多，因为预见到了，大部分都被消灭在萌芽中。同理，当一部分问题被解决，新的问题又会冒出来，周而复始，你想要拥有单纯的快乐根本不可能。但正是因为如此循环往复，你的能力才会在不断解决困难中更上一层楼。

快乐有时未必是强身健体的良药，很可能是麻痹灵魂的毒酒。如果一个人只知道傻乐，那么他的世界将一片空白，即使有危险，他也不能预见。

如果你还有一丝忧虑，那么恭喜你，你的未来至少还有救。

那些嘲笑你的人现在怎么样了

-1-

我小时候性子懦弱又不爱说话，一副生人勿扰的模样。爸妈怕我受欺负，特意晚了一年才把我送到幼儿园。

然而，爸妈还是高估了我的能力，孩子之间的区别不在于年龄，而在于气势。牛比鹅的体型大吧？但鹅反倒是最凶悍的那个。你看有的小孩虽然人小，但猴精猴精的，照样能把比他大的孩子弄得号啕大哭。

因此，很不幸，即使晚上一年幼儿园，我依旧没有摆脱被小朋友欺负的命运。

当时经常有小孩子嘲笑我，给我起外号，把我的名字倒过来念——谁让我姓朱呢，跟“猪”正好是谐音。那个时候小孩子也不知道哪里学来那么多顺口溜，还净是嘲笑人的，他们就把我围起来，一边跳一边唱，还冲我做鬼脸。这种屈辱，我竟然忍了，不但忍了，连一滴眼泪都没流！

我琢磨，不是说会哭的孩子有糖吃吗？是不是自己脾气太好了，所以没人疼？但事实证明，就算哭，也没人搭理我。

为什么这么说？还是在幼儿园，有一次小朋友做得太过分，污蔑了我，我受不了了，去找幼儿园老师评理，这是我学生时代第一次也是最后一次告状。我把事情一五一十地讲出来，老师连理都没理我，顾自跟旁边另一位老师聊得热火朝天。我倒是脾气倔，你不理我，我就再说一遍，直到你理我为止。结果老师烦了，说了句："好了好了，知道了！"就把我撵走了。

后来，因为这事，老师们私底下也开始拿我当笑话，天知道这事有什么好笑的。

后来我搬了家，和那些老师、小朋友断了联系。

有一次回老家，听说那个嘲笑我最凶的小孩子连高中都没读。而那帮幼儿园老师有的被辞退了，有的离了婚还在和前夫打财产官司。

那些曾经嘲笑我的人，发现我现在过得比他们都好，突然转过脸来对我微笑。曾去拜访当初教我的一位幼儿园老师，她拉着我的手说："我就说嘛，你肯定有出息，小时候就看着聪明。"然而，我记得她就是那个拿我当乐子的老师之一。看着她满嘴跑火车的样子，我只好笑而不语。

三十年河东，三十年河西，谁也别嘲笑谁，说不定什么时候，就会被啪啪“打脸”。今天被你嘲笑的人，说不定明天就能衣锦还乡。

-2-

《习惯的力量》的作者杰克·霍吉说过：“思想决定行为，行为决定习惯，习惯决定性格，性格决定命运。”

你见过哪位名人是一路嘲笑别人才过关斩将走向成功的？没有最基本的素养，他只会被高层次的人排斥。

俗话说：“多个朋友多条路，多个仇人多堵墙。”你每嘲笑一个人就等于结下一个冤家，而这个冤家也有朋友，他们对你的印象自然也不好，以此类推，你的一句嘲笑，可能会直接断了你的一条后路。你以为你嘲笑别人得到了便宜，实际上你失去的远比得到的多得多。有些人总是喜欢嘲笑别人傻，实际上他们才是傻得可以。

“君子坦荡荡，小人长戚戚。”你看那些嘲笑别人的人，一般面相都不好。都说相由心生，你可能长得丑，但千万不要长得猥琐，丑和猥琐这是两个概念，一个天生改不了，一个后天自己作。

丑是先天的，而猥琐完全是后天气质决定的。你可以看到有的人长相一般但气质凛然，有的人长相不错却总透着一股令人厌恶的感觉。你可以去整容，却改变不了你的气质，这种东西会跟着你一辈子。

那些嘲笑别人的人总是不招人待见。你以为你说别人坏话，就显得你更了不起吗？非也。在旁观者眼里，你就是一个不知天高地厚还没教养的傻瓜。因此，你不是在毁他人的前程，而是在自毁前程。你的水平会随着嘲笑人数的增加而越来越低，低到极限，你的人生也就到底了。

-3-

那些喜欢嘲笑别人的人，他们在心理上多多少少都有些缺陷。这里分两种情况：

第一种，极度自卑。因为他们内心感觉自己什么都不行，所以看到比自己好欺负的人，他们就会使劲嘲笑他，寻找存在感，以满足自己幻想中的强大。

讲个故事：以前非洲热带雨林里有一只腿有残疾的大猩猩，因为活动不灵便，遭到同伴排挤，常常要吃别的猩猩的残羹冷炙。机缘巧合之下，这只残疾猩猩成了一群狒狒的首领。

这只残疾猩猩在自己的族群里还是一个被欺负的角色，到了狒狒群里立刻就换了身份，变成了决定狒狒生死的独裁者。残疾猩猩喜欢在狒狒群中的这种感觉，在这里，他可以把所有的不满和怒火发泄出来，以显示自己的地位，给自己一种“我很强大”的幻觉。实际上，他还是那个腿有残疾的大猩猩。

嘲笑别人的人就像是这只残疾大猩猩，因为自己有缺陷，就虐待弱者找快感，但结果是，你并不能因为嘲笑别人就获得力量，被嘲笑的人该成功还是会成功。

第二种，极度自负。这种人很好理解，单纯地认为自己天下无敌，谁都比不上自己，于是恬不知耻地嘲笑别人。

如果说，第一种人嘲笑他人尚有可怜之处，对于第二种，我们连同情都没必要。这种人没有自知之明，偏偏要装出一副我很厉害的模样，到处指手画脚，没事找事。

对于这类人，我们可以直接置之不理，自以为是的人本来就成不了气候。他的能力、他的智商已经被他的自大定型了，谁要是跟这种人生气，就跟和精神病吵架没什么区别。

-4-

从小到大没少被人嘲笑过，幼儿园小朋友冲我做鬼脸，小学同学叫我“大冬瓜”……这样的故事数不胜数，但我并没有当回事。

嘲笑不可悲，可悲的是嘲笑你的人。你可以把嘲笑当作提升抗挫能力的利器，也可以把它当作磨炼心智的石头，而那些嘲笑你的人，他们只会沉浸在口舌之快里，忘记了人生的路有多长，而命运又是多反复。

下次遇到嘲笑你的人，对他报以一笑，我们都在忙着过好自己的生活，谁会跟他们较劲？

第二章

有做事的能力，才配谈功利心

比无知更可怕的，是你把无知当成理所当然

-1-

前几天在微信朋友圈看到一位朋友的消息，抱怨征文比赛获奖了还要交钱才能得到证书，后来我跟她聊天，问她为什么不找个正规的比赛参加，结果她的回答让我大跌眼镜，她说："这很正常啊！"而且一副"我参加了这么多比赛，还用你在这里提醒我"的模样。看她那自以为是的神情，我也没办法再多说什么，只能一笑了之。

翻看这位朋友的微信朋友圈，看得出她是个奋发向上的小姑娘，参加了各种征文比赛，也获得了不少荣誉，但仔细观察就会发现，这里面有很多比赛并不正规，主办方名字起得很响亮，实际却无从查起。甚至有些获奖证书，右下角的印章连防伪码都没有。

这也就意味着，这位朋友获得的很多奖项只是有名无实。说句不好听的，可能你辛辛苦苦写了一篇稿子投出去，对方可能水平还不如你，就敢以专家身份自诩，随便勾几笔给你评个奖，拿萝卜刻个章，最终目的不过是让你掏腰包，而你却自以为"身经百战"，骄傲地说一句："这很正常啊！"

有时候，无知不可怕，可怕的是有些人把无知当成理所当然。

不知道为什么，总有一些人以为自己掌握着绝对真理，对于他人的提醒置若罔闻，甚至反唇相讥，殊不知他们在不知不觉中已经斩断了自我提升的机会。他们在别人眼里其实像个跳梁小丑，做着自以为是的梦，只是人家实在不好意思戳穿他们而已。

人贵有自知之明，知道自己有所不足，尚且有救，至少你还给自己腾出了可以提升的空间。真正悲哀的是，你明明已经走上一条错误的道路，还不及时反省，对别人的善意劝告嗤之以鼻，等到撞了南墙，还要嘴硬，以为被撞得头破血流才是人生真谛。

-2-

有些人把无知归咎于环境，殊不知真正造成无知的是自己。

我们都知道井底之蛙的故事，从《庄子·秋水》的"井蛙不可以语于海"演变到如今的寓言故事，没有人批判青蛙所住的井过于狭窄，人们在意的是青蛙对天空的看法——只有井口那么大。

心有多大，你的眼界就有多大。最可怕的不是你的世界在井底，而是你以为井底就是全世界。

去年，我曾作为助手参加一位老师的新书发布会，中午休息时听见两位记者闲聊，其中一个讲曾采访过一个男孩，这个孩子父母双亡，从小就跟着爷爷一起乞讨，后来在爱心人士的帮助下生活才得以改善。

记者当时问男孩："你有什么梦想吗？"

男孩毫不犹豫地回答："当厨师。"

记者很好奇，追问道："为什么是厨师？"

孩子回答："因为当厨师就可以做很多好吃的，就可以不用饿肚子了。"

后来记者告诉男孩，除了厨师还有很多工作可以满足温饱，但孩子总是一脸怀疑地看着记者。

在为这个男孩唏嘘之余，我还是不禁感到心悸。在他的眼里，厨师就等于食物，他不知道与衣食住行产生直接关系的是货币而非生产这些产品的职业。换句话说，尽管孩子的生活条件改善了，但他的内心是闭塞的，缺少正确的思考问题的方式，长此以往，只会让童年的悲剧再次上演。

孩子的无知无罪，能后天加以修正，但对于成年人来说，无知未必就可以得到原谅。每个人都有一个从懵懂到明理的过程，但重点是你有没有意识到自己的无知，倘若你把自己的心封死了，即使别人想要帮你也是对牛弹琴。

-3-

一个人如果不能正视自己的无知，无异于盲人骑瞎马，夜半临深池。

前几天看罗振宇的直播，他在里面提到一个词，叫“维度”。意思是你看待一个事物，要从多个角度去观察，否则你不仅看不到真相，还有可能被误导。

记得《笑林广记》里讲过一个故事，一个聋人看到别人放爆竹，好奇为什么一卷纸说散就散了呢？这就是失去了听觉这个维度的后果。但更可怕的是，很多人对事物的理解少了一个维度，却有胆量称自己看清了本质，并按照他认为的“真理”去影响甚至祸害他人。

听说过一个故事，有个小孩子犯了一个很小的错误，但这个家庭里所有人都来指责他。这不算完，到了最后，孩子还要接受罚站，并承认自己错了，而家长的做法才是对的。

可想而知，这个孩子的内心会是什么样的。而当这个孩子长大，会不会用相同的方式来对待自己的下一代？

“虎毒不食子。”我相信孩子的亲人是真的认为这样做是对的才会去做，但事实是，这种所谓的“对”的做法只会给孩子造成更大的灾难，最终，这些家长们也要为自己的自以为是买单。

一位哲学家说过：“无知不是无辜，而是有罪。”但我认为，比起无知，没有自知之明，把自己的无知当成理所当然更糟糕。

无知尚有回旋之地，而缺少自知之明的人你永远无法让他觉醒，就好像你永远无法叫醒一个装睡者。那些没有自知之明的人，只会沉浸在自己臆想的世界里。

这个世界比你想象中要广阔。在如今这个知识爆炸的社会，你怎敢叫嚣我即真理？

越博学多才的人，越知道自己的不足，在每次发言前都会补充一句“我个人认为”“我个人判断”，因为这些人懂得越多，就越有自知之明，才会怀着一颗谦卑之心，谦和地倾听他人的意见，思考每件事。而自以为是的蚍蜉，总会言之凿凿地说“一定”“肯定”。

很多时候，往往越是有学识的人越低调。

空虚的麦秆指向天空，饱满的稻谷却垂向大地。想知道一个人的水平如何，层次多高，只需看他有没有自知之明就够了。桃李不言，下自成蹊。真正怀揣金刚钻的人，即使他自己不说，我们也能看得到。

愿我们不是那个无知的人，更愿我们不要把无知当成理所当然。

你是个会“做梦”的人吗

-1-

前几天跟一位朋友聊天，谈起了梦想，他跟我讲述了他的人生目标。与一般聊梦想的人不同，他特别不喜欢空谈情怀，他说：“不和利益挂钩的梦想，对我来说没有意义。”他的梦想，也是现在他赖以为生的饭碗。

工作和梦想融为一体是件挺神奇的事。神奇到什么地步？我这位朋友，以前是个能睡到日上三竿，雷打不动的人，找到这份工作后，犹如脱胎换骨，摇身一变，成了每天可以工作到凌晨三四点的工作狂。

他从办公室的窗口看过疲惫的人群匆匆奔走回家，也见过街道卖早点的阿姨冒着凛凛寒风在晨光下搭好摊位，等待顾客到来。

朋友常引以为傲地说："每天在阿姨摊位上第一个买早点的人都是我，阿姨以为我刚上班，实际上我是刚刚结束工作。"

很多人都认为我朋友工作起来实在太拼，可他偏偏乐此不疲。我问过他："你这么拼命工作，是不是'累并快乐着'？"我那朋友一脸严肃，让我把"累"字去掉，他说："很多人都认为我工作累，他们并不了解我。当你有了梦想，并为梦想做出努力，看着你的梦想为你带来财富，你兴奋都来不及，为什么会感觉累？"

你是不是觉得他疯了？看他每天工作的时间，他就算挣再多钱也会累吧，而且经常熬夜多不健康啊！

觉得他疯了的人，你大概从未仔细思考过如何去实现梦想，更别说让梦想来帮你变现。

梦想人人都有，问题是有的人把自己的梦想实现了，有的人只是把梦想停留在了小学作文里。为什么差别会这么大？是每个人的智商存在高低吗？

梦想这东西，关键还是要看你自己。有的人会"做梦"，梦想实现得就快一点，并能为他带来价值；有的人不会"做梦"，梦想实现的可能性就会大大降低，更别说当上CEO、迎娶"白富美"、走上人生巅峰这档子事了。

那么问题来了，怎么才算会"做梦"呢？我把"做梦"分为三个等级。

第一等级：“著鞭跨马涉远道”的务实型“做梦者”。

第二等级：“且乐生前一杯酒”的情怀型“做梦者”。

第三等级：“不识庐山真面目”的混沌型“做梦者”。

接下来，我们就分别说说这三个等级的“做梦者”。

-2-

第一等级：“著鞭跨马涉远道”的务实型“做梦者”。

我的朋友就属于这一类，他不但有梦想，还知道如何实现，不仅知道如何实现，而且实现后还能变现。可以说，他把梦想、工作、赚钱连成了一条线。他每天的工作，就是在实现梦想，而他的梦想还能让他的生活质量提高，这简直就是一石二鸟的好事。

但问题是，并非所有人都懂得如何做一个务实型的“做梦者”。

怎样才能做一个务实型的“做梦者”呢？你首先要考核自己的能力，这包括自身能力和附加能力。自身能力指学习能力、思维能力、应变能力、沟通能力、抗挫能力等，这些能力不需要你到专业部门去测试，你只要想想自己遇到某些事件时的反应，和其他人比较一下就可以。

你学习时知道举一反三，还能把所学的知识串联起来，这时你就可以判断你的学习能力是你的优势。另外，你要是跟人辩论时总占上风（骂街式的辩论方式除外），这说明你思维灵活，应变能力不错。

附加能力是指你的学历、家庭背景、相貌等外在因素。这些因素不是必要条件，但也不能完全忽视。

我有个室友，家境优渥，对各类化妆品了如指掌，专业程度堪比时尚杂志的编辑。我们有谁不确定自己该选择什么产品时，都会去问她。而她能掌握这么多化妆品的信息，都是自己从小耳濡目染，外加长大后花费时间而积累出来的经验。

如果你的梦想是到时尚杂志社工作，那你就要想想，你的知识储备和我那位室友之间的差距了。

不过，我的意思不是叫你放弃梦想，而是要你考量自己追赶上这方面人才需要付出的时间和精力。如果你发现自己常常搞混精华和精油、爽肤水和化妆水，也记不住那么多牌子和系列，那么在这个时候，你已经失去了同那些在生活中积累大量经验的竞争者同台竞争的优势。

扬长避短是先贤留给我们的智慧，小草长不成参天大树，大树也难以做到“春风吹又生”，找到自己的优势，并将优势与梦想融合，这样你才能事半功倍。

-3-

第二等级：“且乐生前一杯酒”的情怀型“做梦者”。

这类人的梦想多半源于兴趣，因为喜欢，所以愿意义无反顾地朝梦想前进，但在这里我不想“煲鸡汤”。谁都想美梦成真，但并非所有人的梦想都有一个美好结局，“梦想很丰满，现实很骨感”的例子屡见不鲜。

十一假期的时候，我去北京见了两位我常与之合作的编辑，刚到北京，我的第一个感觉就是“快”。走在地铁里，你会发现每一个人都是行色匆匆。吃饭要快，乘车要快，就连你到景区旅游也要快，否则你会被人潮吞噬。

这座城市的人均消费，比起我上学的长春要高出一倍。在长春，阿玛尼、纪梵希最多也就两个专柜，而在北京隔条街就有俩。编辑告诉我，这里租房至少要2000元，其中一位编辑说，他每月房租是4000元，还是合租的。

这里不缺帅哥美女，更不缺有貌又有才的人。你来到这样一个城市施展梦想，请问你凭什么获得成功？靠你的兴趣？你的热情？你的不负初心？这是远远不够的。

在这个时代，只有有实力的人，才可以谈情怀。

一腔热血不可少，但如果你只有一腔热血，等待你的可能是失败。

当你再次谈起梦想和情怀时，记得加上你实现梦想的能力。

-4-

第三等级："不识庐山真面目"的混沌型"做梦者"。

这类人是"做梦者"中最不靠谱的了。他也有梦想，不过他的梦想属于头脑一热想出来的。就像小学生写作文，说长大要当科学家、老师、宇航员……但你问他实现这些梦想要怎么做？他根本不清楚，甚至他都不明白这些梦想具体是做什么的。

有个读者留言给我，说她也想当作家，写写文章就可以轻轻松松挣钱，甚至想放弃工作专职写作。

当时我跟她讲，我并不是作家，这个词太重，我充其量只是作者。挣稿费并不是一件轻松简单的事，我最早的时候，投稿十次有九次被退，每天要写两篇、三篇，甚至更多，出去旅游笔记本必须随行，朋友去买个酸奶的工夫，我都能掏出手机检查一下我的稿子有没有漏洞。

曾经给一些朋友改稿，他们常常要改上一个月，甚至更多时间，才能出一篇合格作品，这期间他们发现写作并没有自己想象中那么轻松，都半途而废了。对于这部分人，他们在确定梦想前压根就没有搞清楚情况，单凭一些表象就对其心生向往，最后耽误了时间，还消耗了精力。

时间就是金钱，你有多少时间能让自己去试错？把只知皮毛的东西当成自己的梦想，还不如没有梦想。至少无梦的人还能躺在床上睡一觉，而你没头没脑忙了一圈，什么也没得到。

有梦想没什么了不起，重点是你要知道你实现梦想的概率有多少。

下次再谈梦想的时候，记得问问自己，你做好了足够的准备吗？“有梦做”和“会做梦”完全是两个概念。

把理想放嘴边没什么不好

-1-

记得我大一的时候，做梦都想出版一本书，看着自己的文字变成铅字，封面上署着自己的名字，梦里都会乐醒。每次逛新华书店，我都会到畅销书的货架旁走一走，看看最近出了什么新书，想象着将来自己的书在这排架子上也有一席之地。

如果旁边有朋友，一定会笑我异想天开，这时我总会一本正经地跟他们说："喏，看到没，将来在那个位置，一定会有我的书！"

每个听到我这句话的人反应都不太一样，有的拍拍我的肩膀，有的跟我插科打诨，但那股敷衍感，我想忽视都忽视不了。

你们的演技不能再好一点吗？

梦想是一种很珍贵也很脆弱的东西，它承载了你所有的美好愿望，让你哭，让你笑；它也不堪一击，甚至禁不住别人一个轻蔑的眼神，一句讽刺的话。所以古人言：“万言万当，不如一默。”你的话再恰当，也不如把它埋在心里。

很多时候，我们都选择埋头苦干，让自己的梦想“不足为外人道也”，我不说，其他人也就不会知道，更不会嘲笑我，等到我成功的那一天，再看他们羡慕的样子。

但事实是，很多人的梦想都在半路夭折了。他们不肯将自己的梦想说出，与其说是为了脚踏实地、默默前行，不如说是怕没成功、丢面子。

像我这样自尊心极强的人，为了让自己少偷懒、多努力，向着梦想奋斗，就必须把自己的梦想说出来，时刻鞭策自己：“瞧见没，那些人等看着你笑话呢，不许输！”

为此，我时时不敢松懈，别人逛街的时候，我在写稿子；别人彻夜狂欢的时候，我在写稿子；别人在寝室看电视剧的时候，我还在写稿子。在经历了“退稿、投稿，退稿、投稿”的多次循环后，我终于收获了自己的第一笔稿费。

听着很励志对吧？但这的确是一个真实的故事。如果你连勤劳都做不到，又凭什么谈成功呢？

说到底，大多数人之所以会失败，80%是因为“懒”。为了对抗“懒癌”，就需要一些外力手段来帮助我们。比如，把你的理想放在嘴边。

-2-

粟津恭一郎的《学会提问》中有这样一种观点——“谈论得越多，‘实现的概率’就越高。”这里谈论的，就是我们的理想。

一个关于目标的问卷调查表明，谈论目标频率越高的人，越能记住目标，并会为达成目标而行动。

问卷显示，每周谈论目标超过一次的人，有92%能记住目标，并正在为达成目标而努力；而大约半年谈论一次目标的人，能记住目标，并正在为达成目标而行动的只有49%；大约一年谈论一次的人，这一数值更是骤减至29%。

也就是说，要实现理想，我们需要高频率地谈论它，把它时常挂在嘴边。这不是漫无天际的自吹自擂，而是反复提醒自己，时刻让自己保持在为理想奋斗的最佳状态。

考驾照的那段时间对我而言简直就像噩梦，胆子小、方向感不强、反应还慢半拍，使我成了教练最头疼的学生。

我第一次考试的时候，感觉全身都在颤抖。上了车，前后左右全然不分，仿佛瞬间失忆了。

“我是该倒车入库还是侧方停车？”“我刚刚打转向灯了吗？

要不要再打一次？”“前面出现一辆车，天啊！我该怎么办？！”结果可想而知，我失败了。

后来，我想到一个绝好的办法：每次练车前，都把练习的内容在脑中过几遍，反复强调容易忽视的细节，想象自己已经坐在车里开了好几个来回。这样的好处就是，让自己在上车之前就进入状态，等到我摸到方向盘，就不至于太过紧张。

这个方法一直用到我拿到驾照，很多比我先报名的人都在我后面才拿到驾照。他们很惊讶，我这个“笨鸟”是怎么先飞的？其实很简单，就是反复想象自己的目标。

有的朋友可能会问：“想象能有这么大的作用吗？”

答案是肯定的。想象能调动你的潜力，指引你成功。你的想象其实是一种无实物操作练习，你每多想象一次，就在你的大脑中多练习了一回；你多练习一回，就会给你的大脑多加深一层印象。

想要走向成功，就要时不时把自己的理想说一遍，告诉自己——革命尚未成功，同志仍需努力！

把理想说出来没什么不好，它就像我们桌角贴的座右铭，目的在于时刻警醒自我，我们只是把写出来的东西变成了说出来。

中国人喜欢低调，说话只说半分，最好是只做不说，但这并不代表说的人就不好。我们把理想说出来，不是光说不练假把式，而是要通过这种方式告诉自己：我们只要一息尚存，便会不断奋斗，我们的梦还在，而且永远不会毁灭。

-3-

把理想放在嘴边没什么不好，但要注意，不要变成思想的巨人，行动的矮子。

表弟从大一起就立志考研，跟我讲："姐，不要看我高考考得一般，将来考研，我一定咸鱼翻身。"

当年学软笔书法时，听老师讲过这样一句话："大一不要轻易说考研，小心战线拉得太长，到了上考场时，你都不记得当初的誓言。"我看了看表弟一脸自豪的模样，希望他可以打破书法老师说的魔咒。

然而，随着表弟从大一升到了大二，从大二到了大三，我再也没听他说过考研的事，天知道他还记不记得当初跟我说要考研时的模样。看着他每天跟着朋友胡吃海喝，我绝对不相信他是在默默耕耘，守着自己的理想。

与表弟截然相反的是暑假和我一起合租的室友小溪。每天，小溪跟我聊得最多的就是她的考研理想。

她说她喜欢孩子，看着小孩在自己的教育下变得越来越优秀，这会让她十分有成就感。以前，教她的老师古板严肃，还有些势利眼，所以，小溪立志要当一名好老师，对所有学生都一视同仁。

成为这样一位好老师的第一步，就是考上她理想中的学校。

小溪不仅说到，还能做到。当她来到出租屋的第一天，就在房间的墙壁上贴满了考研必胜的豪言壮语和每一天的学习规划。有时候我写稿子写累了，看看对面房间的小溪在奋笔疾书，都不敢有丝毫懈怠。

古人讲“知行合一”，我们的“言”与“行”也是一样。你埋头苦干、默默无言，要忍受成功前的压力和挫败感，时间久了，你会疲惫、会懈怠，在没有外界监督的情况下，很容易放弃。或者你在通往成功的路上跑久了、跑累了，想停下来歇一歇，就会在不知不觉中被沿途的风景吸引，忘记了最初的梦。

同理，你若常把理想放在嘴边却不去实践，就会走向另一条弯路，成了大家茶余饭后的谈资。

为了避免这样的“事故”发生，我们最好把理想说出来。这其实是对自己的一种鞭策。说出的话就如泼出去的水，想收是收不回来了，为了不让自己被嘲笑，只有奋勇向前。

很多成功都是逼出来的，不逼一逼，你不会知道自己的潜力到底有多大，先把理想说出来，就像立了军令状，容不得自己不去努力。你要是想成功，就要拿出破釜沉舟的勇气；你要是胆怯害怕，还是趁早收拾东西回家。成功的路上没有懦夫，敢于直面自己的理想，才是真正的勇士。

你的情绪里藏着你的人生

-1-

昨天收到小马发来的微信消息，她说："原本计划好的假期又被自己给毁了。"

原来，小马上的大学寒假放假时间长，她本想趁着这段时间出去走一走，多读几本书给自己充充电，再报个班，系统学习一下自己喜欢的插花，但计划一次又一次被自己的坏情绪打乱。

小马说："在家的时候，每天脑子里充斥着各种不快。"

跟父亲聊天，谈到未来的工作意向，小马发现父亲的很多观点与自己的相左，这让小马与父亲起了争执；家里来了小孩子做客，要小马照顾，这让本来就不喜欢小孩子的小马很郁闷；有时翻翻微信朋友圈，看到某某又取得了一点成绩，这又让小马又羡又嫉……

小马积累的负面情绪越来越多，又不懂得排解，结果这些负面情绪变成了一堵墙，挡在小马和原本计划好的“完美假期”之间。整个寒假，小马都在各种消极悲观的情绪中煎熬。

如今假期已过，小马回忆起这段时间的点点滴滴，似乎除了抱怨、生气、郁闷、消沉，什么都没做。原先要去的城市、列的书单、要学的插花都成了泡影。

小马在微信里向我大倒苦水：想想自己寒假里纠结的那些事，现在看来根本没什么，但当时就是绕不过那个弯，结果让自己生了一肚子气，还浪费了很多可以提高自我的机会，追悔莫及。

本想安慰她几句，说一些“过去的事就让它过去，我们要过好眼前的生活”的话，但话到嘴边又被我咽了回去。

小马遇到这种情况不是一次两次了，每一次她都会后悔，说下一次不能再任由自己的情绪失控，但之后还是故“绪”重演。包括现在，她何尝不是在懊悔的情绪里反复挣扎，而忘记了应该重拾自己未完成的梦想，努力向前呢？

无法管理好情绪的人，也无法管理好人生。

你的情绪决定了你为人处事的方式和思维习惯，也决定了你将选择以何种方式过完这一生。

-2-

情绪的威力，小，可能影响一个家庭的氛围，大，可能改变一个人的命运。

拿破仑说过："能控制住情绪的人，比能拿下一座城池的将军更伟大。"

前几天读《史记》，读到《项羽本纪》里有这样一段记载："项梁前使项羽别攻襄城，襄城坚守不下。已拔，皆坑之。"大概意思是，项梁派项羽攻打襄城，打得十分艰难，待襄城攻破，项羽一声令下，活埋了全城老小。

项羽把襄城军民的坚守看成对自己的敌意，虽然费尽周折终于攻下了城池，却也让项羽心怀愤懑。古人征战讲究"上兵伐谋，其次伐交，其次伐兵，其下攻城"。本来攻城已是下下策，项羽不考虑如何安抚民心，而是由着自己的性子胡来，将全城百姓"皆坑之"，也怪不得后来怀王不让项羽去往关中，而认为刘邦"素宽大长者，可遣"。

看一个人能否成功，只需看他对自己情绪的控制能力。一个善于管理情绪的人，他知道什么时候该做什么事，不会被情绪冲昏了头脑；而一个放任自己情绪的人，做事会不计后果、不算得失，全凭一时喜恶，最终他会付出应有的代价。为何刘邦能"大风起兮云飞扬"，而项羽只能"虞姬虞姬奈若何"，如此想来也不足为奇。

很多时候，我们在坏情绪中做的决定都会让自己追悔莫及，但做出的事既成事实，要想改变却是为时晚矣，即使你可以弥补，也要付出十倍、二十倍的辛劳。

我自认不是一个心态平和的人，时常把事情先往消极的一面想，虽然有时会做到未雨绸缪，但也常会杞人忧天，这就导致我很容易做出错误的判断。因此，我每次遇事前都会告诉自己，等一等，不要急于下结论。最后我会发现，很多当时我认定的事，后来并非像我想的一样，我庆幸当时管住了自己，没有让情绪失去控制，做出什么无法挽回的举动。

如果你常常不能控制自己的坏情绪，你将被坏情绪带来的恶果拖垮。

想要有一个好人生，就要先有一个好情绪。

-3-

有些人抱怨，有坏情绪也不能全怪自己。繁杂的工作、难以调和的家庭矛盾，以及拥堵的交通，都是情绪失控的导火索。

实际上，很多痛苦的情绪都是出自你自身，只是你察觉不到而已。

《樊登速读》讲过："我们总以为苦恼是由他人导致的，这种思维方式会让你的情绪不受控制，并且不由自主地想要伤害对方，或者自认倒霉。”

这里我想讲一个关于我父亲的故事。

小时候，我对父亲的印象，除了他的怒火，就是他反复失败的生意。那时大家都觉得他不适合这个领域，劝他回头。原本都是好心，却被他曲解为大家不支持他，才导致他如今的生意惨败。而劝阻他最多的奶奶，也就成了被他埋怨得最多的那个人。

父亲从未反思过，是不是自己对这一领域了解不够，或是自己为人处世的方式有问题，“我没毛病，你们不懂”是他的口头禅，殊不知这已是最大的问题。

在微信朋友圈看到这样一句话：“圣人看因，凡人看果。”人们总喜欢把错误归咎于他人，而自己永远都是受害者。仔细想想，大家对你敬而远之，是不是你太过情绪化的性格让人生畏？你得不到领导重用，是不是你的言谈举止给领导留下了不靠谱的印象？你感觉社会待你不公，可你是否有为自己的理想而努力过？

要想有个好情绪，最重要的就是改变你自己的世界观，先把你心里的刺拔出来，你的伤口才能痊愈，否则再多的药物也只是治标不治本。

现在经常听到“情商”这个词，心理学家有比较明确的定义，就是指控制自己情绪的能力，比如意志力、抗挫折能力等。这种能力不是外界赋予你的，而需要你自身去提高。真正强大的人从不会抱怨环境怎样，他们更多的是反省自身，找到自己情绪上的缺口，从而不断完善自我。

小时候常听到老人讲“三岁看大，七岁看老”。我一直很奇怪，他们“看”的到底是什么。如今长大，我发现，老人们“看”的正是你的情绪，三岁、七岁或许是泛指，但通过“看”你对情绪的表达方式，那些历经人事沉浮的老人们的确可以对你的人生做出大致判断。

毕竟，每个人所表现出的不同的情绪都不是无来由的，这背后隐藏着千丝万缕的联系，而它们最终都显现在你的情绪里，影响着你的人生。

聪明人装傻，笨人装聪明

-1-

朋友冉冉暑假去某景区旅游，很倒霉地被黑心商贩宰了。

买之前说好是一串几十块钱的手链，付钱时就变成了一颗几十元。冉冉发现自己上当，便想退货，但商家执意不肯。那卖手链的老板是个黑脸大汉，一脸络腮胡子，冉冉又是一个人，势单力薄，只好咬牙买了下来。

因为这事，冉冉之后的旅游行程全部被打乱，再也没有心情去游山玩水了，郁郁寡欢地回了家。后来冉冉跟我们谈起此事，还是一副愤愤不平的样子。

我们都劝冉冉放宽心，买都买了，因此而影响心情很不值得，就当吃一堑，长一智。

然而，一旁的小圆却一脸不屑地说："你就是脾气太好了，软软弱弱的，看着就好欺负。你就是不买，他能把你怎么样？"

小圆这话说完，空气瞬间凝固了，冉冉的表情也变得更加严肃。但小圆似乎并没有停下来的意思，接着说道："你也是笨，你可以去旅游局投诉啊，一点维权意识都没有。"

冉冉没理小圆，就和我们告别了。事后，冉冉再也没当着小圆的面说过任何事情，两人的关系也渐渐疏远。

小圆自以为很聪明，可以随随便便指责别人，却不知过度显摆自己的聪明是一种愚蠢的表现。拿冉冉的例子来说，没有亲身经历过，就无法体会冉冉当时的心情。难道如小圆所说，与商贩发生争执就是明智的做法？冉冉没去找旅游局投诉就叫愚蠢？比起做一个事后诸葛亮批评冉冉，让她摆脱这次不愉快的经历才是重要的。

聪明人懂得在适当的时候做适当的事。需要让他们显露智慧的时候，他们会把自己的智慧展示出来，不需要的时候适当装一下傻未尝不是一个明智的选择。

越是聪明的人，越不会时刻表现出自己很聪明。只有愚蠢的人，才会故意装作精明的样子，想要掩盖自己的无知。

这就像看魔术，大家都知道是假的，但依旧兴致盎然。这时要是突然冒出来一个人告诉你魔术都是骗人的，你会开心吗？

“沉默是金”，适当的知而不言，是有智慧的表现。

当我们还小的时候，总是喜欢不厌其烦地表现自己，用各种方式证明“我很聪明”来吸引别人的注意力。我们根本不会考虑别人的感受，不知道有些话不能说，有些事难得糊涂。

看透不说透，还是好朋友。装傻也是成人之美的一种方式，只有笨人才会装精。

-2-

装傻是一种智慧。

朱元璋开国之初，手下有个叫汤和的人，他是少数几个得到善终的开国功臣之一。

汤和与朱元璋是发小，当年正是他的一封信，把寒衣破庙里的朱元璋拉上了反抗元朝之路。建国之后，汤和被封信国公。按常理，他不可能从朱元璋的眼皮底下“逃生”，但汤和厉害就厉害在知道什么时候该“装傻”。

汤和晚年与世无争，对自己的功劳闭口不谈。明朝建立后，汤和是第一个主动交出兵权的将领。后来倭寇扰边，汤和在江浙沿海一带筑城防倭，确保了明朝边境的安全。功成后毫不争功，把朱元璋的赏赐分给故交后归养故里。告老还乡后的汤和，每天游山玩水、含饴弄孙，不再过多关注朝野中的事。就这样，他奇迹般活过了屠戮数万人的“胡惟庸案”和“蓝玉案”，一直活到了洪武二十八年（1395），以七十岁的高龄逝世。

汤和能够“龙口逃生”的背后，暗藏着他的处世智慧。在适当的时候装傻，其实正是聪明的表现。

-3-

装傻是一种社交技巧。

几年前坐火车去旅游，正巧周围坐着的都是和我同龄的学生，路上无聊，我们几个就闲聊起来。其中一个男生，很幽默，讲起段子来妙语连珠，引得一桌人捧腹大笑。

突然，我旁边的女生说了一句：“这些段子我都听过，微博上都有。”

顿时，场面就冷了下来，那个男生显得十分尴尬。在之后的时间里，再也没有人愿意说话，大家各自玩着手机，直到下车。

其实，我也知道那个男生的很多段子都来自网络，但他讲得有趣，大家也听得津津有味，我为何要揭露真相，扫大家的兴致呢？有许多人就像那个女生一样，喜欢当众把所谓的“真相”揭露出来，以显示自己的“聪明”，好像这样就能证明自己见识广博。但实际上，“真相”大家心里都明白，只是这种“真相”无伤大雅，又考虑到对方的感受，便不打算公之于众。

上述那个女生，说得好听点，叫实话实说；说得不好听点，就是自作聪明。

这个世界有太多标榜自己“耿直”，而去故意伤害他人、显摆自己的人。他们总喜欢不分场合、不分对象地揭露一些别人笑而不言的真相，让当事人下不来台，以显示自己高其一等。你以为你聪明，实际上是没素质。

有句话讲得很好：“处世让一步为高，退步即进步的张本；待人宽一分是福，利人实利己的根基。”

那些不顾周围人感受而自作聪明的人，其实只是自私自利的小丑。他们把自己的快乐建立在别人的痛苦之上，不管自己的行为会不会伤害到对方，只要能显摆自己聪明，他们就会去做。

但你越是故意表现得很聪明，就越让人觉得你很愚蠢。真正聪明的人只做对的事，却从不做自认聪明的事。只有那些自以为是的人，才会天天把聪明挂在嘴边。

越是聪明的人越喜欢装傻，越是笨的人越会装精。有时候，这个世界就是如此奇妙。

你加好友的方式，反映了你是怎样的人

-1-

有个陌生姑娘加我微信，验证消息是“我是××”，而“××”是她的微信昵称。看来源，是通过一个微信群找到了我。

因为以前总遇到微商、代购，他们就喜欢潜伏在各种群里加你好友。之后你的微信朋友圈里就全是小广告，除了给你推销产品，多余一句话也不会说，让人很头疼。所以对于这种陌生人，我除非搞清楚是谁，否则不会轻易加好友。

于是我就问她：“您是？”

过了几个小时，我收到一条回复：“我姓韩。”

我当时瞬间就崩溃了。群里姓韩的人十几个，我怎么知道你是谁？

随后我通过她的头像，找到了她在群内的发言，这才确定她到底是哪一位。

保险起见，我又向她确认了一遍："您是韩 × × 吧？"

不久，对方冷冷地回复了一个"嗯"。

尽管我最后通过了她的好友请求，但我心里并不怎么舒服。

一个人什么样，有时真的能从他微信加好友的方式看出来。

可能有人会说："不就加个微信好友吗，没必要那么认真吧？"但在我眼里，微信是我的私人空间，就像我的另一个家，你会随便让一个身份不明的人闯进你的家吗？

如今微信已经成为表达自我的第二窗口，我们的喜怒哀乐都会展现在上面。在现实生活中，你都受不了一个陌生人审视你的生活，在微信里，你怎么就能接受让一个来路不明的人观察你的一举一动？

微信应是我们扩大交际范围，认识更多有趣的人的天地，而不是储存一堆"僵尸友"的坟墓。

-2-

严格把控好友圈，不仅是保护自己，也是对朋友的尊重。

我做活动时认识了一位朋友，看她的微信朋友圈，可以用"五彩缤纷"来形容，各种旅行、美食、自拍的照片，简直活成了很多女生梦寐以求的样子。后来有一次，我无意间看到她放在椅子上的手机，上面是她刚在朋友圈发的状态，依旧是被精心修饰的美食和自拍。但其实，她此刻什么都没做。

后来，我翻自己的微信朋友圈，并没有看到她发的这条状态，估计是担心被识破，对我屏蔽了这条状态吧。但想想其他被蒙在鼓里的好友，我感觉有些难过。

或许这位朋友只是把朋友圈作为一个展示自己的平台。只要你能够作为观众，满足她的小虚荣，你就可以成为她的“好友”，至于你是谁，她根本不会在乎。

我想这样的人，在向其他人发送好友请求的那一刻，可能不会有太多的友谊和真诚。

我希望当我打开通讯录时，我可以说出每一位好友的名字，清楚他们是谁。这些人不仅是我微信里的一个头像，他们还是我可以谈天说地的朋友。

有些人在朋友圈发状态，总会选择部分好友可见或不可见。偶尔一两次，迫于特殊原因，情有可原，但每次都要筛选一部分人“不可见”。每次发朋友圈状态前，都要在几百个好友里点来点去，不觉得累吗?

既然你对部分人放不下戒备，当初何必把他们加进你的朋友圈呢?

一个懂得尊重他人的人，也会懂得尊重他的朋友圈；一个尊重朋友圈的人，会慎重选择好友。

-3-

我曾遇见一个加我好友的女孩，将她的姓名，如何找到了我的微信号，以及为何想加我都写下来了。验证信息只允许填50个字，她就写了50个字。那一刻，我特别感动。

在一般情况下，只要我知道申请加我好友的人是谁，我都会通过，但没想到她会说得如此细致。细节见人品，我相信，一个如此彬彬有礼的女孩不会差到哪里。

她问了我很多关于写稿和投稿的问题，我也很愿意回答。尽管我对她的了解有限，但我能从她的言语中感受到她的真诚。

我们的交谈并不多，但我对她的印象一直很好。我相信，这样的女孩在其他场合也一定会受到欢迎。

当然，我也遇见过“奇葩”，也不说自己是谁就让我加他。

我问：“您是？”对方回了句：“加我。”之后我没理他，他反倒怒气冲冲地质问我：“为什么不加我？！”

试问，我为何要加你？你连自己是谁都不愿说，让我加我就加，凭什么？

加好友时简单介绍一下自己，是基本礼节。你在现实生活中想要认识一个人，首先都要自我介绍，然后递上一张名片。为什么到了微信上，你连姓甚名谁都不肯说，还要埋怨别人没理你？

加好友，对方需不需要知道“你是谁”是个未知数，但你应该告诉他“我是谁”。

当我们四目相对时，我们可以做到以礼相待；当我们隔着一部手机时，也不要忘记做人的基本准则。

记得《淮南子・说山训》里有句话：“兰生幽谷，不为莫服而不芳；舟在江海，不为莫乘而不浮；君子行义，不为莫知而止休。”

微信不是你的遮羞布，懂得在无人时自律，才是真正的赢家。

-4-

加好友的方式，能够反映你是怎样的人。

往往情商越高的人，越会注意加好友的方式。因为他知道，这关系到对方对自己的第一印象，以及未来事情发展能否顺利。

加好友时在备注上写一句自我介绍，用不了几分钟，却能给你减少很多麻烦。

我以前做过一段时间助理，一个人加我微信，也不说自己是谁，上来就没头没脑地说了一堆。后来我问他是哪位，有什么需要，这才发现他加错人了。

如果一开始他就自我介绍，表明来意，或许错误就会及早发现，他也不必白费口舌。

我在学校教课时，会有学生问我微信，我都会告诉他们，但我会补充一句："记得写上你的年级和姓名。"

后来那些学生加我时，也有部分会忘记写备注，我知道是我教的学生，也都通过了，但我对他们的印象，不如那些说明了自己是谁的孩子深刻。这不是我故意要遗忘些什么，只是第二印象总不如第一印象来得清晰。

小孩年幼，我们可以加以引导；但成年人迷糊，我们又该如何规劝呢？

细节决定成败，一个能赢得他人喜爱的人，不在于说了多少好话，而在于他对细节的把控。

查·艾霍尔有句话："有什么样的思想，就有什么样的行为；有什么样的行为，就有什么样的习惯；有什么样的习惯，就有什么样的性格；有什么样的性格，就有什么样的命运。"

一个人在加好友时的言行，就是他个人修养的体现。

加好友时懂得使用谦辞和敬辞的人，是知书达理的人。

加好友时懂得自我介绍的人，是能为他人考虑的人。

加好友时懂得表明来意的人，是考虑事情全面的人。

一个有修养的人，即使隔着手机，也会让你感受到融融暖意。

如果你身边有这样的人，请好好珍惜。

你的坚持，配得上一个辉煌的未来

-1-

“凡事到最后都会皆大欢喜，如果还没有，就表示还未到最后。”

这是电影《涉外大酒店》里的台词。

当初和闺密一起看电影，面对屏幕，她感叹这句话一针见血。

她这样说不无道理。知道闺密经历的人，都说她的故事简直可以写成一部“灰姑娘逆袭”的血泪史。

闺密自记事以来，就一直生活在父母的争吵中。即使在考上大学，远走他乡之后，父亲与母亲争吵的情景依旧如梦魇般缠着她，最严重的时候，她甚至患上了抑郁症。

“当时我坐在心理医生的对面，他跟我说了很多话，我都已记不清，只有一句印象深刻，他告诉我——‘痛苦是一条长长的隧道，但依旧有终点。你已经花了20年向前走，难道甘心现在放弃？迎来曙光只是时间问题，但你愿意在黎明到来前做好充足的准备吗？’”

医生的这句话犹如当头棒喝，为了这句话，闺密奋斗至今。

当时的闺密犹如孤岛一般，而医生的话就是她的救命稻草，她只有相信，才能获得一线生机。也因为这份相信，闺密迎来了意想不到的华丽蜕变。

在之后的大学时光里，她拼命地充实自己，为了有一天可以光彩夺目地迎接她的曙光。我看过她的手机，里面排满了学习软件，备忘录也永远都是读书、听网课，或是健身、旅行。

如今，闺密已经今非昔比，在自己的一方领域里渐渐崭露头角。现在的她，未必是我们这群人里活得最漂亮的那个；但未来的她，一定是最可能获得成功的那一个。

后来我问她，是否还会被梦魇困扰。她笑了笑，告诉我，曾经她以为那段痛苦的经历就是自己的宿命，是自己一辈子的缩影，直到这几年努力之后她才明白，黑暗终有尽头，没有谁的苦难能持续一辈子，就算有，也是因为你未能坚持到最后。没到咽气的那天，你就没有权利对自己说“不”。姜太公八十而拜相，齐白石六十而得名，我们才二十几岁，谁敢说自己的人生可以一眼望到尽头？

人有时候就该拿出点“不要脸”的自信来，告诉你自己，告诉所有人：我们的结局必定皆大欢喜，一切只是时间问题。

-2-

很多时候，你多向前迈一步，你就赢了。就像马拉松，跑到最后，看的根本不是你有多快，而是你有多坚持。

高一时，我的成绩总在四十名开外，而全班只有五十二名学生。后来上了高二，文理分科，我的情况稍稍有了改善，但大家依然戴着有色眼镜看我，认为我没前途，说什么都不对。

你们以为我后来头悬梁，锥刺股，一跃龙门？

非也。

但我有自己的坚持。

我仔细分析过自己的情况，我严重偏科，考名校的概率为零，努力能上一所普通院校。我在很长一段时间内思考自己的出路，后来我决定，与其在短板上跟自己较劲，不如趁这个机会发展一下自己的长板。那段时间，我会在自己的书桌或者被子里藏上一两本书，完成了功课或是累了就读一会儿，日积月累，竟也攒了满满几箱子书。

终于我坚持到了大学。没有了束缚我的成绩单，我的人生迎来了春天。我从被人鄙视变成受人羡慕仅仅用了三个月，但这背后，是我三年顶着压力的咬牙付出。

我庆幸自己没被噩梦般的高中生活所击倒，如果我当初没有按自己的意愿坚持到现在，可能我真的会成为一个一无是处的人。

你要相信，你的坚持配得上你的成功，如果成功尚未到来，那么它一定在匆匆赶来的路上。

不过很可惜，如今很多人，尤其是年轻人，很难安下心来相信“坚持”这个词了。

这类人尽管有着优越的先天资源，却忽略了，强风摧弱木。那些没有潜下心把根深深扎进泥土的人，即使可以凭借得天独厚的地势生长，终有一天，也会被突如其来的狂风吹倒。

没有什么是一成不变的，有的只是保证你在风云变幻的世界里安身立命的能力，而这种能力源自你的努力和坚持。

不要跟我说努力、坚持这些都是废话，如果你连坚持都不敢相信，你还想相信什么呢？

-3-

很多人渴求成功，却坚持不下去，不是因为你没有恒心，而是你太过心急。

在知乎看过一个问题：为什么很多人无法坚持学习，但能嗑瓜子？因为嗑瓜子的结果立竿见影，在短时间内就能得到“果实”，而学习是一个漫长的过程，反馈周期很长，使得很多人难以有收获的愉悦感。

很多人一旦在短时间内无法看到自己想要的效果，就会焦躁无助甚至放弃，也因此很多人用不努力、不坚持这样的话当借口，意思是“只要我坚持就可以成功，我只是没坚持而已”。但事实上，你必须正视你自己，严肃地对自己说：“要么坚持到皆大欢喜的那一天，要么当一个失败者。”

心急吃不了热豆腐，如果成功是你坚持了几天就可以获得的，就不会有那么多人对它青睐有加。璞玉需要雕琢，方能成器。而你能否成功，也需要用时间来考量。那些坚持到最后的，才有资本成为赢家，才能给大众一个信服的理由。

你要记住，不成功不等于失败，你尚未获取成果只是因为成功路途尚远，不成功只是意味着你还在前往成功的路上，而失败是一败涂地绝无反转之机，要么是已入土，要么就是烂泥扶不上墙。

大道至简，我一直认为任何事物都有它的核心所在，抓住其中的1%，你就能掌握其他的99%。

我们听了那么多成功学，看了那么多方法论，为什么我们还没成功？因为千变万化的方法技巧最终都要回到实践上，一步一个脚印坚持下来，才能有所收获。

不想努力，遇到困难就退缩，怎么能获得成功？只有克服困难，坚持到最后才叫成功。

再次借用《涉外大饭店》的这句经典台词："凡事到最后都会皆大欢喜，如果还没有，就表示还未到最后。"

你要相信，你的坚持，配得上一个辉煌的未来。

第二章

用你拥有的，换你想要的

你要有不做自己的勇气

-1-

茉茉姐又去参加演讲比赛了，尽管她怕得要死。

我好奇，既然她这么害怕，为什么还要报名？

茉茉姐语重心长地告诉我：“很多时候，我们要学会不做自己。”

时光退回到两年前，茉茉姐还是一个性格极其内向的小姑娘，跟陌生人说话都会脸红。当时她安慰自己，人无完人，自己并非一无是处，没必要为了一两个性格上的缺陷而耿耿于怀。

然而，一个人对自己的糊弄，早晚都会有所反馈。

大二的时候，茉茉姐在一家公司兼职，由于不善沟通，很多很简单的工作在她眼里都变得困难重重。

一次，领导让她给客户打电话，约时间见面，结果茉茉姐握着电话支吾了半天，也没说出个所以然，搞得自己尴尬，对方也很为难，后来茉茉姐只能放下电话再去跟领导请示，领导的态度可想而知。

那个月，成了茉茉姐在那家公司的最后一个月。

诸如此类的情况还有很多，茉茉姐发现，尽管自己不喜欢与人交流，但打交道是她不可回避的问题。

后来的茉茉姐一直都在努力地把自己“往外抛”。在展会当志愿者，到街上发传单，参加各种比赛……凡是能与人接触的活动她都积极参加。

有人说，任何事重复百次自然会成功。我不知道茉茉姐在这条挑战自我的道路上走了多久，但我看得出，现在的茉茉姐已经改变了很多，有足够的能力对抗自己的恐惧。

茉茉姐说，现在她站在众人面前还会忐忑，但至少她有足够的心理承受力去面对这一切，拿出适合当下场合的“另一面”去面对大家。

一位心理学家说过，每个人都有突破自己天性的能力。他将之称为“自由个性”。比如，你平时不喜欢说话，但在工作中你必须与人打交道，这时你就要变得“喜欢说话”，这个“喜欢说话”就是你的自由个性。

真正的勇气，是敢于直面自己的缺陷。做自己其实很容易，它就像你的舒适区，只要心智足够坚定，你就可以在这片你喜欢的沃土里乐得其所；而做“非己”却要付出巨大的心力，你要克服内心的恐惧和不安，走出舒适区，直面外界的狂风暴雨。

的确，很多人都在标榜“做自己”，但面对现实，我们更需要有勇气，做那个自己不喜欢的“非己”。

-2-

有自由个性的人，往往比固守自我的人有更多优势。

这类人有很强的共情能力。他们善于观察，能够更好地感知周围环境，通过他人的表情、动作、语气来推测自己所要做出的表现。同时，他们也更清楚，怎样表现才更具说服力，不会让别人感觉有违和感。

比如，一个内向但富有自由个性的人，他能清楚知道外向的人是如何表达自己的感受的，他们懂得做出怎样的表情和动作。或许他并不是一个多么开朗的人，但因为有强大的共情能力，他可以在需要的时候切换，在本真与自由个性间游刃有余，以便更好地完成目标。

《欢乐颂》里的曲筱绡给人留下了很深的印象，时而古灵精怪，时而乖巧可爱，时而强悍无比，让跟她接触过的人又爱又恨。正是这种一体多面，使她成为22楼最为世事洞明、处事得力的女孩。樊胜美的哥哥把樊父扔到王家，王柏川只能把人送回去，而曲筱绡却能软硬兼施，让樊家写了悔过书；面对赵医生，曲筱绡能低下头，又是撒娇又是精心准备各种惊喜，讨自己喜欢的人的欢心；而在工作中，她又能吃得了苦，完全没有富家小姐的刁蛮任性……

曲筱绡这样的人物之所以能够活得风生水起，不仅仅是因为有个财力雄厚的家庭支撑，还因为她适时而变、善于变通的个性。

那些懂得使用自由个性的人，不会被自己的固有个性所局限，只为了逞一时之快而忽略了长远发展。这样的人处理问题更冷静，也更容易成功。

《菜根谭》里有句话："过刚则折。"一味地固守自我有时并不是好事，宁折不弯适于处理原则性问题，却并不适合解决生活中的小问题。

在不同的场合，我们需要有自己的判断，何时发挥自由个性，何时坚守本真，这是一种能力，也是一种成熟。

-3-

那么，我们要怎样才能平衡"自由个性"和"做自己"呢？

自由个性不能随意发挥，否则你的真实性格就会被压榨，时间久了，甚至会被认为不真诚。想要高效地发挥自由个性，减少自我损耗，获得更大的利益，就应该把自由个性用在“刀刃”上，即放在最关键的场合，也就是我们说的“核心目标”上。

就像我前面所讲到的茉茉姐，平日里她还是那个话不多的姑娘，但面对重要的活动，她就会拿出外向的那一面。

诺贝尔文学奖获得者艾略特说过：“性格，既不坚固也不是一成不变，而是活动变化着的。”生活中我们时刻都可能受到各种冲击，这就需要我们采取不同的策略，来应付生活带给我们的这些插曲。本真个性与自由个性并不冲突，他们其实是一体双生，只不过一个与生俱来，而另一个变化万端；一个是你的底色，另一个负责添彩。

改变不是叛变，拥有自由个性并不代表要放弃本性。相反，自由个性可以让你更好地展现本性。自由个性的存在，可以让你更好地完成目标，使你离成功更进一步，只有这样你才有更大的空间做自己。

-4-

但有一点要明确：自由个性≠讨好。

记得我小时候不太合群，总喜欢一个人傻傻发呆，走亲访友这种事，对我而言简直就是灾难。

一大早迷迷糊糊的我就会被妈妈拉起来，到了别人家很是拘谨，腿不知怎么迈，手不知怎么放。但妈妈说，这些都是爸爸妈妈年轻时患难与共的亲友，所以，尽管我不喜欢这些聚会，但为了表示对长辈们的尊重，我还是会老老实实地跟着过去，向这些我不怎么熟悉的叔叔阿姨问一声好。

虽然这种行为压抑了我的本性，但这并不是讨好。当时的我，可能并不理解那些大人们的情谊，我只是知道，如果我不去，我的父母会很尴尬。我是出于为父母考虑，暂时压制住了自己的本真个性，发挥了自由个性，而非见到一个比自己年长或资历高的，就要在他们面前谄媚。

讨好指的是无原则地取悦他人，这是不可控、不自觉的，即使当事人筋疲力尽也会不由自主去做的一件事。而自由个性的人，是为了达成某项目标而抑制了原本的个性，并转变出新的个性，这是可控的，它的收放完全由本人掌握。

这就好像勾践卧薪尝胆，他甘愿为牛为马不是为了讨好夫差，而是为了一朝雪耻。勾践只是为了目标暂时压制了他的本真个性，待吴国被灭，他的本真个性还会释放出来，而自由个性就会被收回。

我曾以为，我们要固守本真，后来才明白，我们也需要适时而变。这不是委曲求全，也不是趋炎附势，只是在不违背道德的前提下，更好地向着目标前进。

我们每个人都是一幅色彩斑斓的画，你需要底色做支撑，也需要其他色彩做陪衬。你有你的率真洒脱，也需要懂得适时而变。正所谓“常制不可以待变化，一涂不可以应万方”，学会不做自己，是一种勇气，更是一种人生智慧。

不读书，你连为自己辩解的能力都没有

-1-

前几天听妈妈说起一件事，关于我那个高中毅然辍学了的远房表妹。

当年，表妹的中考成绩一般，上了一所普通高中。高二那年，表妹受不了学习的压力，毅然决然要求退学。当时，我那位舅母苦口婆心地劝表妹回心转意，但表妹去意已决，她说："大学毕业也可能只挣几千元工资，和我现在找工作有什么区别？"

于是，表妹找到了现在的工作。

表妹在一家服装厂当工人，每个月2000元左右的工资。一开始表妹的工作还算顺风顺水，她还为自己能够挣钱而洋洋自得，但没过几个月，工厂里出现了产品被偷拿的现象，经理为此大发雷霆，要求彻查此事。

就在这个月末，表妹遇到了一件糟心事——她的工资被经理扣了下来。理由是服装厂产品出现丢失的现象是在她到岗的这几个月，所以她的嫌疑最大，工资必须等到事情水落石出后才能再发给她。

表妹认为自己被冤枉，委屈得要命，又因为被克扣了工资而愤愤不平。有人让她找相关部门投诉，结果发现表妹连劳动合同都没签，更令人哭笑不得的是，表妹并不知道要签劳动合同。

读书与不读书的差别到底是什么？我想就在于此吧。

读书与不读书的差别，不在于你的工资额后面多了几个零，而在于当你的权益受到损害，你的人格遭受质疑，你的尊严遭受践踏时，你有能力捍卫你自己，对那些不合理、不公平的事情说“不”！

或许，和不读书的人比，你们获得的财富的差距不大，但你们预防风险的能力却有天壤之别。

大家喜欢找软柿子捏，这是人之常情。在一定程度上，无知、好骗、好欺负的人，就是那个软柿子。你无法斥责这种劣根性，你只能武装你自己。

-2-

读书的意义，不在于获得多少真金白银，而在于拥有固守财富的能力，未雨绸缪。

《红楼梦》第十三回《秦可卿死封龙禁尉，王熙凤协理宁国府》里，有一个片段，讲秦可卿托梦王熙凤，预言荣、宁二府盛极必衰，只嘱咐了两件事：第一件，在祖茔附近多置田庄、房舍、地亩，以备祭祀、供给；第二件，就是设家塾（家塾，就是指古代将老师请到家中教授弟子的私塾）。

可见，读书对于一个家族有多重要。它甚至可以决定家族是否繁衍昌盛，是否能够化险为夷。

相比于创造价值，它的好处更在于抵御风险。

杜月笙，上海滩叱咤一时的风云人物，虽然书读得不多，却极重视子女的教育，每次与子女照面，必问功课。

也因此，在杜月笙去世后，他的后代并未像其他“富二代”那般挥霍家产，而是开辟出了自己的天地。

如今，杜月笙的大女儿杜美如定居约旦，因约旦王室侯赛因对中国文化情有独钟，而与侯赛因家结成了好友；而杜美如的胞弟杜维善是一位知名的收藏家，曾两次向上海博物馆捐赠古钱币1800余枚。

如果杜先生没有严格要求子女读书，很难想象这些后人的晚景。

再看看历朝历代富商巨贾的后代，要么是树倒猢狲散，要么就像寄生虫一样蚕食祖业，这与他们的不学无术不无关系。

读书犹如长远投资，它的利润不在于一时，但可以福泽一生，甚至后代。聪明人喜欢放长线钓大鱼，愚蠢者只会在意蝇头小利。

有句话叫“创业容易守业难”，创造价值时三教九流皆可一展宏图，而守住价值就必须有智慧作为支撑，而智慧多半来自书籍。

雨果曾说：“各种蠢事，在每天阅读好书的影响下，仿佛烤在火上一样渐渐熔化。”

读书，就是熔化你一切愚昧的过程。

-3-

读书，是你能给自己的最划算的保险。

曾认识一位从事媒体行业的姐姐，工作一年，就从普通职员晋升为主管，之后出国进修，被领导委以重任。尽管每天忙得要命，但她依旧要留出一定时间给阅读。

她说，阅读是她了解世界的一个窗口，也是捕捉社会动态的一个途径。只有不断阅读，她才有安全感，她才能确定自己没有被世界抛弃。

因为在书中掌握了更多信息，所以这位姐姐在工作中也比其他人考虑得更加全面。她有很多成功的策划活动，灵感都来源于书籍。也因此，书籍成了她生活的一个保障。

人生，就像一道选择题，而读书，就是在给你的人生增加选项。书读得越多，就意味着选择越多。选择多了，你的人生才会稳固而精彩。

书籍不是人民币，它的价值不是印在纸面上的数字，而存在于你未来的时间。钱花完就没有了，而书籍却能融进你的骨子里，让你受用一生。

或许，你现在只是一个默默无闻的小卒，每天还要累死累活地拼命工作，但时间是最公平的，多年以后，阅读可以帮助你守住所拥有的一切，而那些不读书的人，随时都可能面对变故，无论再过多少年，他们也难以成长。

泰戈尔有句诗：“天空没有留下鸟的痕迹，但我已飞过。”读书犹如飞鸿踏雪泥，你付出的努力不会白白浪费，它的影响是看不见摸不着的，却能在不知不觉中悄悄改变着你。

我为什么读书，不是因为它能让我赚多少钱，而是因为它能让我拥有保护自己的能力，让我在遭受误解时可以为自己辩护，让我现有的一切不再丢失。

对于那些还在嘲笑读书的人，从你拿起书本的那一刻，他们就输了。

灵魂有趣的人，长相也不会讨人厌

-1-

在食堂吃饭，遇见一个男生，油头粉面，一脸横肉，上来跟我打招呼，问我是否可以拼桌，我看周围的确没座位了，就点头同意。谁知那个男生一坐下来，我的噩梦就开始了。

男生点的餐需要排号现做，这个工夫他就开始跟我有一搭没一搭地聊天。

“美女，你的饭是哪个窗口点的呀？看着不错呢。”

“美女，你没朋友吗？怎么一个人在这吃饭啊？”

“美女，你哪个院的呀，先别告诉我啊，让我猜猜……啊！我猜你是数院的，别人都说理科女生长得不好看，我不这么认为。我感觉你比学中文的那些女生好多了，不像她们，一副娇滴滴的样子……”

出于礼貌，我没跟他发飙，但心中早已不悦。我见过不会跟人聊天的，但没见过这么不会聊的。我买的午餐就是食堂里最普通的一荤两素的盒饭，他还要装作一脸好奇，明知故问；我一个人吃饭，在他眼里就成了没朋友的孤家寡人，他还得意地望着我，一副救世主来拯救我的自恋嘴脸；最后更可恶，不仅故作聪明把我认成数院的学生，还把学中文的女生贬得一文不值，对不起，我就是学中文的。

不知道是他自我感觉太良好，还是我的态度太温和，这位仁兄竟然越说越起劲儿，最后还想要我的微信号。

“对不起，我不想把微信号留给陌生人。”我此时一刻都不想多待，只想离这个人远点儿。

没想到那个男生一脸惊诧地望着我说：“我以为咱们聊得挺好呢。”

“好什么！”我在心里暗暗骂道。

“多认识一个有趣的朋友也不错啊！好看的皮囊千篇一律，有趣的灵魂万里挑一。再说了，你不试着与陌生人交流，将来到社会上怎么办？”

当时，我真想把他揉成一个团，踢出食堂。自己聊天的本事差到极点还来“教育”我，更可怕的是，他竟然认为自己是个有趣的人！大哥，你哪里有趣了？

最后，我懒得搭理他，交了餐盘，直接走人。

近几年有句特别流行的话，叫“好看的皮囊千篇一律，有趣的灵魂万里挑一”，不知被多少猥琐的人拿过来当作挡箭牌，以为自己虽然长相普通但有内涵。

实际上，比起有趣的灵魂，现在更多的是自认为有趣的脑壳。

王尔德说过：“只有肤浅的人才不以貌取人，世界至真的秘密就是那最表面的东西，而非在那看不见的一面。”

你以为注重皮囊的人肤浅，却不知道你的脸会变成今天的模样，都和你的阅历、学识、气场、心态有关。好看的皮囊与有趣的灵魂未必是水火不相容的东西。

-2-

越是聪明的人越能认识到颜值的重要性。

上过一节礼仪课，老师是位举止优雅、衣着得体的中年女性。她讲过一句话令我印象很深，她说你可以不漂亮但不可以不精致，不要以为自己可以有趣到让别人忽略你的外表，没人能透过邋遢的仪表看到你的内心，你的内涵与外貌是成正比的。

我们参加重要聚会时总是要精心打扮自己，绝没有人肯穿个拖鞋、短裤就出门的。此时你怎么不说皮囊不重要，只要灵魂有趣就可以了？因为你清楚，有些场合外貌就是你的名片，是可以给你自己增加印象分的，没有好看的皮囊，有趣的灵魂根本派不上用场。

有些人所谓的“有趣的灵魂”只是他自己认为的“有趣”，在别人眼里可能很无聊，但精心打扮的妆容，会让别人感到舒适。尤其是在一些重要场合，化妆代表你对对方的尊重，证明你十分重视与对方见面，这也是一种有内涵的表现。可见，好看的皮囊与有趣的灵魂是相辅相成的。比起言不由衷的“看内涵”，还不如单纯坦率地说看外表。爱美之心不一定比所谓的爱才之心低级。同时，有才华的人，他的长相不会差到哪里。你看那些才华横溢的人，无论相貌如何都会给人以美的感受。

-3-

不过，外貌重要并不是要大家去整容。好的皮囊不是整出来的，是由你的气质、性格和阅历决定的。

一个人的性格由他的嘴唇体现，生活好不好就看眼角，声音可以判断是理性还是感性，走路的姿势能看出才华气度，眉宇间藏着一个人的过往，衣着显现审美，发型暗示个性，脚显示修养。而低俗的人则全身散发着让别人不舒服的气息。

鄙视以貌取人的，只是把“貌”当成长得好不好看，他不知道一个人的外表可以透露出诸多信息，你的样貌就是你的心，你的生活、你的个性。

唐朝以胖为美，是因为当时物资匮乏，只有富家子弟才能享受鲜美的食物；现代以瘦为美，是因为瘦代表自律、健康和热爱运动。

知道你的生活状况、个性品质只是其一。通过你外貌带来的信息，我们还可以进一步推断你接受的教育水平，智商、情商，为人刻板还是幽默，果断勇敢还是细致温柔。如此，你还敢继续鄙视那些“以貌取人”的人吗？

人群过百，形形色色。每个人携带的信息大不相同，他们的容貌也会各有千秋。即使是美丽的皮囊，也是环肥燕瘦，所谓的千篇一律根本站不住脚。

人类进化了几千万年，繁衍至今，不会无缘无故地喜欢某一个东西。你与其每天过着邋遢的生活，拿着“好看的皮囊千篇一律，有趣的灵魂万里挑一”这样的话安慰自己，不如从现在开始努力，提升自己的审美，改变自己的气质，开拓自己的眼界。到时，无论是你的皮囊还是灵魂，都会变得美丽又有趣。

美丽与有趣从来都是绑在一起的，说自己长相普通但有趣的人，还是醒醒吧，美丽的容貌和深厚的内涵，其实你都没有。

让你缺乏安全感的爱情，要勇敢说“拜拜”

-1-

苏姑娘恋爱一年多了，对男友却一直疑神疑鬼。

男友微信消息回复得晚了，她怀疑对方不在乎她；男友跟别的女生多聊几句话，她怀疑对方三心二意；男友说有事去忙，她怀疑对方是有意疏远……在苏姑娘的世界里，男友一丝一毫的变动，都会引起轩然大波，似乎只要离开她的视线，男友就是在花天酒地、勾三搭四。

这些想法只是猜测，苏姑娘又不好意思跟男友说，只能憋在心里，任由自己胡思乱想、心力交瘁。只不过，内心的不悦积攒多了，难免表现在情绪上。偶尔的火山爆发，也会让男友招架不住。

有一次苏姑娘的男友喝多了，问我们苏姑娘怎么成了现在这个样子。在他印象里，苏姑娘乖巧、温柔，不似如今这般无理却闹。

说起苏姑娘现在的状态，与其说是无理取闹，不如说是没有安全感。而这一切的罪魁祸首，则是她的前任。

苏姑娘的前任是一位学长，那时苏姑娘大一，他大三。苏姑娘说，这是她的初恋。

这位学长高大帅气，是学生会主席，当时吸引了不少“小迷妹”，苏姑娘也是其中之一。只不过幸运的是，比起其他人，苏姑娘得到了学长的垂青。

那天，学长站在教学楼外的广场上等苏姑娘下课。夜雪漫漫，学长摸着她的头问：“可以做我的女朋友吗？”

那一刻，苏姑娘的心里像开了一朵玫瑰花，她感觉自己是世界上最幸福的人。

但好景不长，学长对苏姑娘的态度越来越敷衍，两人之间的联系越来越少，苏姑娘常常等学长的消息一等就是好几天。

学长说，他要忙论文、忙工作、忙各种项目，没有时间陪苏姑娘你侬我侬。苏姑娘信了，当学长又一次十天半个月不联系她时，她就安慰自己：“没关系，他在忙。”直到苏姑娘偶然撞到学长与一个女孩在网球场调笑，她才意识到自己有多蠢。

后来学长告诉她，那个女孩是他相恋三年的女友，双方甚至见过家长。苏姑娘出现时，恰巧女友和他闹了矛盾，分手了。

“我以为她不会回来了，没想到……”学长这样对苏姑娘说。

那一刻，苏姑娘发觉自己就像是学长的一个玩偶，只供他消遣娱乐；也是那一刻，苏姑娘对恋爱的所有美好幻想都破灭了。

或许是“一朝被蛇咬，十年怕井绳”。自此，苏姑娘未对谁全心全意信任过。有近一年的时间，苏姑娘都是形单影只，小心地呵护着自己的伤口，不敢轻易与人亲近，和如今的男友在一起，对苏姑娘而言，已是迈出了巨大的一步。

只可惜，苏姑娘的心病已被学长种下，就算男友对苏姑娘再好，苏姑娘也会怀疑男友的真心。

我们需要犯多少错，受多少伤，才能找到那个真正对的人。大部分人没能撑到最后，就已经身心俱疲、伤痕累累，没有勇气在遇到下一个人时敞开胸怀。

没在对的时间遇见对的人，这是苏姑娘的悲哀，也可能是我们每一个人的悲哀。

-2-

我收到过一位读者的来信，信中讲述了她的一段爱情。

读者名为小宛，是一位刚毕业不久，独自在深圳闯荡的姑娘。

她的爱情分两段，一段在大学初始，一段在大学即将结束。

第一段爱情，对小宛来说就像噩梦。

那个男人阳光、帅气，毕业不久已在小宛学习的城市扎了根，能做一手好菜，每晚会在电话里跟小宛讲笑话，他们一起吃饭、一起逛街、一起看电影……她曾以为这就是将来与她携手走进婚姻殿堂的男人，这个男人也的确给小宛许下了诺言。

后来，小宛成了这个男人家的常客。小宛很贪恋这种感觉，在举目无亲的城市里，除了大学，还有一个栖息之所，这让小宛感觉自己已经融进了这座繁华的大都市。

但两个人在一起久了难免会有摩擦，只是让小宛没有想到的是，这个男人竟然会对她动手……直到有一次，小宛险些被男友推倒，她再也无法容忍，主动提出了分手。但令小宛惊讶的是，男友不但拒绝分手，还威胁她。

最后，走投无路的小宛在学校辅导员的帮助下，才摆脱了这场噩梦，但这换来的是同学对她的指指点点。

每每回想往事，小宛都心有余悸。后来再遇到想与她交往的异性，她不由自主地先揣度对方是不是暴力狂。

后来，方同学出现了。

方同学是小宛的学弟。那时的小宛已经大四，不似以前那般把感情看得重如万金，而眼前这个热情贴心的学弟，的确在小宛最焦头烂额的时候给过她许多帮助。小宛便鬼使神差地开始了她的第二段恋情。

不过，按照小宛的原话，“毕竟小一届的男生‘杀伤力’不会太大，将来我毕业，各分两地，他也找不到我，不用收拾太多烂摊子”。

本就抱着毕业即分手的态度，小宛对这个小男朋友也没有太上心。更重要的一点是，小宛发现自己已经无法做到在爱情里全心全意地付出，似乎第一场恋爱用力过猛，而今半点心思都不愿花在对方身上。

每当小宛有拥抱一下对方的冲动，她的脑海里都会浮现出坐在学校辅导员办公室求助的情景。她害怕重蹈覆辙，再冒出一场剪不断，理还乱的感情官司，不如一开始就划好界限。

直到毕业，方同学在小宛的宿舍楼下对她说：“我知道，你我的缘分可能只有一年，但我不后悔跟你表白。即使只有一年，我也希望把我所拥有的一切都给你。可是，为什么我感受不到你对我的爱呢？每次我说我喜欢你时，我多希望你也可以回应我呀，可是……”

小宛看到方同学哽咽了，但她依旧克制住了自己。

最后小宛在信中说：“时至今日，我后悔当时没有告诉方同学，我也很喜欢他。只是第一场恋情如梦魇一般缠着我，让我实在无法判断面前的这个男孩是流着眼泪的鳄鱼，还是心地善良的农夫。袒露心扉，对我来说风险太大。”

不依赖任何人，有时不是坚强，只是为了避免跟太多人有感情上的牵扯。在小宛看来，面对爱情的上上之策就是对爱情有所保留。就像戴着一顶魔术师的礼帽，终其一生隐形在帽子下，躲避外界的伤害。

而这一切，只源于一个品行败坏的前任。

-3-

弗里兹·李曼的《直面内心的恐惧》中讲过：“当他想亲近某人时，爱以及被爱可能产生的风险来势汹汹，袭击着他。”

这是对缺少安全感爱情的最好描述。

有多少人仔细想过，这种不安全感的源头在哪？

我们知道，孩子咿呀学语时，对外界的抵御能力极低，一丝一毫的伤害都可能在他们的潜意识里造成极大的影响。

爱情里，我们何尝不是孩子？

但我们要明白，伤害存在的意义不是为了让我们逃避现实，而是让我们活得更加通透。就像刚出生的小孩蹒跚学步，反复地摔跟头不是为了让他害怕走路，而是为了将来走得更好。没有人可以避免伤害，我们没有能力预测未来、躲避危险，我们能做的，只有面对它，化解它。

卡耐基说过：“我们若已接受最坏的，就再没有什么损失。”如果你过往的经历让你不堪重负，未尝不是一件好事。至少证明，将来你遇见的一切问题都会是小巫见大巫。你有足够的底气说一句：“当年比这糟心的事我都遇见过，还怕这个？”

“吃一堑，长一智。”真正的悲哀不是你遇人不淑，而是不长记性。人都会犯错，重点是会不会犯同样的错。如果你现在摔了跟头，你该庆幸，至少你又知道了一处隐藏的坑，以后可以绕着走。比起那些浑浑噩噩、不知所以的人，不知要幸运多少。

别沉浸在曾经的痛苦中难以自拔，浪费了你一身鉴别“渣男”的功夫，还错过了等待你的真命天子。

人渣你都见过了，难道还怕接受一个好的吗？面对现在的爱情，与其疑神疑鬼，不如全力以赴。

把那些“渣男”变成未来幸福的垫脚石，告诉自己，他们没资格左右你的行为、你的思想，更无法左右你的爱情！

格局越高的人，越懂得舍弃

-1-

快毕业了，我陪着小岚收拾行李。

作为女生，对女孩子囤物的偏好有所了解，不过一进她寝室，我还是吃了一惊。

“大姐，你是来上学的，还是来开杂货铺的呀？”

原本空间足够大的四人寝室，铺满了小岚的生活用品。夏天的裙子、冬天的帽子，光打底裤我就收拾出来十几条。这还不算完，拉开小岚的抽屉，用了一半的乳液，断了半截的口红，还有其他杂七杂八的东西，有几个柜子就塞了几个柜子，有些东西甚至小岚自己都记不得了。

不清楚情况的人一定认为小岚是个土豪，实则不然。

小岚的这些化妆品不是在10元超市买的，就是在淘宝网上淘的。10元的指甲油，15元钱的BB霜，100元能买好几支的润唇膏……因此，当看见小岚面对那满柜子的半支口红、半瓶乳液无动于衷时，我也就释然了。

成本不高，当然不会心疼。

不过，小岚的心不疼，她的脸可遭了不少罪。

小岚的脸角质层非常薄，刚来长春时，水土不服加花粉过敏，脸又红又痒，看着像被猫挠了似的。小岚心疼钱，不愿意看医生，就在网上淘了些治疗过敏的护肤品，没想到脸上的症状没有得到缓解，反而更严重了。这下小岚慌了，才去看医生。医生看着她的脸，埋怨了一句："你过敏这么严重，怎么才来看？"搞得小岚悔恨不已。在花了几千元后，小岚的脸算是被救了回来。临走时，医生特意嘱咐，使用护肤品、化妆品时一定要小心，小岚的皮肤抵抗力弱，很容易受到刺激。

"大出血"后的小岚，对这几千块钱一直耿耿于怀，她没有听从医生的建议，舍不得扔掉那些杂牌子的护肤品。结果，小岚脸部的皮肤抵抗力越来越弱，一到换季的时候，满脸红肿，不忍直视。但看着那些用钱买回来的东西，小岚即使冒着毁容的风险，也不舍得扔。

如果说小岚家境贫寒，这样做情有可原，但把小岚囤的"宝贝”的价格加起来，也并不比一些高端护肤品便宜。甚至有时候逛街，小岚看到某个小商店搞促销，不管那些东西自己需不需要，只要感觉便宜，都要买回来。时间久了，连小岚自己都不知道她到底囤了多少东西，堆了多少破烂。

有的时候，东西越多并不代表越好，我们还要学会舍弃。

就像小岚，她宁愿脸部过敏，也不愿扔掉便宜的护肤品，她以为自己省钱了，却忽略了这些便宜货对自己的伤害。

你越不懂得舍弃，你背负的行囊就会越重，你就会越累。你死死守住的不愿舍弃的东西不会变成宝藏，反倒会成为压死你的最后一根稻草。

我们会发现，格局高的人，往往懂得筛选最合适的留给自己，他们明白舍弃的意义。

-2-

《红楼梦》里讲林黛玉刚入贾府去见王夫人，里面有一段对王夫人生活环境的描写：

正房炕上横设一张炕桌，桌上放着书籍茶具，靠东壁面西设着半旧的青缎背引枕。王夫人却坐在西边下首，亦是半旧的青缎靠背坐褥。见黛玉来了，便往东让。黛玉心中料定这是贾政之位。因见挨炕一溜三张椅子上，也搭着半旧的弹墨椅袱，黛玉便向椅上坐了。

细心的朋友会发现，王夫人的生活用品有个共同特点——半旧。难道王夫人买不起新的东西吗？不是。讲究排场的只有暴发户，而像贾府这样的世家大族，他们讲究的是适可而止。他们不会用残次品，也不屑于用华而不实的东西，他们只用适合自己的。至于其他，即使再好，也会果断舍弃。

《断舍离》里有一句话说得好："不管东西有多贵，有多稀有，能够按照自己是否需要来判断的人才够强大。能够放开执念，人才能更有自信。"

对待廉价的东西我们要有舍弃的勇气，对待昂贵的物品也应如此。

我们的心就像一个小房间，你往里塞的东西越多，你留给自己的空间就会越少，久而久之，你的心会被杂物填满。有人说心有多大，舞台就有多大。当你的心都变成了杂物间，还能指望自己有什么前途呢？

讲一则寓言故事：很久以前，一个饱经苦难的年轻人请教一位德高望重的方丈，问："师父，为什么我的生活会如此不如意？"方丈带他到一条由五彩石铺就的小路，给他一个背篓说："走过这条小路，把小路上你喜欢的石头都捡进背篓里。”年轻人听后把所有颜色的石头都捡进去。终于，他因双肩沉重而支撑不住，跌倒在地。方丈见状又说道：“你把最喜欢的石头留下，其余的统统扔掉试试呢？”年轻人照做了，顿时感到轻松无比，很快就走完了这条路。

放弃有时是为了更好地获取。你紧紧抓住的东西未必能使你幸福，反而有可能会害了你。沙漠中拯救极度干渴的人，并不能直接喂水，而应往他的脸上拍水。因为极度干渴的人细胞内渗透压较高，这时大量喝水会导致组织液进入细胞而使细胞破裂，危及生命。

这就出现了一个有意思的现象：干渴的人想要活着，不是要大量补水，而是要节制地喝水。要生存，就要抵制水源的诱惑。

-3-

我们要舍弃的除了不必要的物品，还有经不起考验的爱情。

小筝和男朋友认识三年了，两个人吵架比约会的次数还多。吵架无非就是因为一些鸡毛蒜皮的事。有一次，他们两人竟然因为中午吃饭吃酸的还是吃辣的吵得不可开交，谁也不愿后退一步。

每次吵完架，小筝几天都吃不好、睡不好，一个人在寝室里生闷气，课也懒得上，书也不想读，一副要死要活的模样。而她那个男朋友每天照样呼朋唤友、吃喝玩乐，全然不在乎小筝的心情。

我们都劝小筝，这个男生没有她想象中那么好，与其每天跟他置气，不如快刀斩乱麻，把这段不合适的感情舍掉。但小筝偏偏下不了决心提分手。她说："两个人相处的时间越长，就越习惯彼此的存在，我不敢想象没有他的日子会是什么样。"

可是有他的日子又怎样？小筝过得并没有多开心。

爱情是两个人在一起感到舒适快乐，如果连这一点都做不到，就算不上合格的爱情。你不会穿一双不合适的鞋，又为何会凑合谈一场不合适的恋爱呢？

"舍得，舍得，有舍才有得。"对于不适合自己的，我们要学着果断舍弃。什么"食之无味，弃之可惜"，既然无味，你留着的意义又何在？弃之何来的可惜？

你要记得，你怎样对待自己，这个世界就会怎样对待你。你只有舍掉无用的杂物，才会迎来适合自己的珍宝。

格局越高的人越懂得舍弃的意义，他们明白自己不是"垃圾场"，不是所有东西都要照单全收，只有适合自己的，才能进入自己的领地。

从现在开始，扔掉那些没用的东西，忘掉那些不合适的人。做一个格局高的人，从学会舍弃开始。

别让卧室出卖了你的弱点

-1-

去彬彬家做客，刚进屋，我愣了。

纸屑满地都是，墙角落满了灰尘，沙发上扔着各种各样的衣服，连坐的地方都没有，好不容易拽出一个凳子，上面全都是油点，一看就是好久没有擦过了。你可以在她家的任意角落找到一角、五角的硬币，铅笔、棉签、五金零件这些毫不相关的东西随意混合堆在一起。

彬彬说，家里面积太大，收拾起来很麻烦，平时都没有人想起来打扫，因为我来做客，她昨天才特意收拾了一下。我当时特别想问一下她，你到底收拾了哪里？不敢想象，这房子在收拾之前是什么样子。

我尽力忽视屋内杂乱的环境，跟着彬彬走进了她的卧室。我想，客厅乱也不代表卧室乱，毕竟是每天休息的地方，乱糟糟的多难受。

不过事实证明：我错了。

最先映入眼帘的是一面巨大的衣柜，内衣与袜子堆在一起混放着，掉毛的毛衣和容易沾毛的衣服在一起“相亲相爱”，四季的衣服被乱糟糟地塞满了整个衣柜，看上去你只要抽出一件，整个衣柜的衣服都会掉出来。

其他地方更不用说，桌子上扔着吃了一半的苹果，葡萄皮都干了也没扔掉。卷了边的课本，被切成碎块的橡皮，要多乱就有多乱。

想到我爸妈有时还会埋怨我不懂得保持房间整洁，和彬彬一比，我感觉自己还是挺好的。

一个连房间都打理不好的人，在其他方面也很难做到优秀。像彬彬，平时常常丢三落四。上学的时候，作业经常找不到，气得老师要叫家长；总是忘带课本，要与同桌共用，一两次同桌并不介意，但时间久了，也会影响人家听课效率，最后同桌跑到老师那里要求换座位；钱也随处乱放，经常把装着钱的衣物扔进洗衣机，甩干了才发现兜里还有“宝藏”。

房间尤其是卧室，是最能体现一个人特点的地方。一个人办事是否有条理，工作效率高不高，他是严肃刻板还是天真烂漫，都可以从他的房间里看出。

一个房间整洁的人，肯定比房间杂乱的人更加有条理，这样的人思维更清晰，逻辑思维能力和理解能力也会更强；反之，一个的房间脏乱差的人，前面提到的那些能力就较弱。

如果一个人的房间以蓝色等冷色调为主，他可能偏理性化，艺术、写作这些感性的能力相对会较弱；而房间以红色等暖色调为主的人正相反，他们擅长感性的东西，对于逻辑、数学等，理解起来会感到吃力些。

因此，千万不要随便带别人到你家，小心被人看出你的弱点。

-2-

参加过一场婚礼，看见那对新婚夫妇的婚房，当时在场的人都惊呆了。

这对夫妇竟把自己的卧室布置成了一个书房，书橱摆了一面墙，里面塞满了文学著作。不仅如此，夫妇俩还特意定制了两个小书桌，一人一个，专门用来读书、学习、工作。

这对夫妇是在国外留学时认识的，当时两个人都是学校里的学霸，被人称作神仙眷侣，留学归来后便结了婚。他们两个人每天都有读书的习惯，所以在布置房间时，两人心照不宣地选择把书籍作为布置的重点内容。

一个能把卧室堆满书的人，一定是个腹有诗书气自华的人，这样的人在能力、学识、修养、素质各个方面都不会太差。

可能你会说，我看到很多人家里都摆着书，但他们不一定都是爱读书的人，有的就是装装样子罢了。

这里我们要清楚一个概念，在卧室里放满满一柜子书的人和在其他房间放一柜子书的人性质是不一样的。卧室是什么？是我们最私密的地方，是我们每天休息的地方。比起其他房间，我们在这个屋子里待的时间要更多，对这个房间的感情也更深。能放在这个房间里的东西一定是我们最喜欢、最珍爱的，没有人会在卧室里摆一堆令自己讨厌的废铜烂铁。

卧室最能表现一个人的特质。《三国演义》里有一段对孙尚香卧室的描写：

灯光之下，但见枪刀簇满；侍婢皆佩剑悬刀，立于两旁。

作者没有直接写孙尚香是如何巾帼不让须眉，而是通过对她卧室的描写来衬托，可见卧室真的是最能体现一个人特点的地方。

因此，看你的卧室的样子，就能知道你的喜好，你的优点和缺点也会显露无遗。

-3-

朋友的姐姐在订婚前夕跟男友分手了，大家都十分诧异。后来听朋友的姐姐说，她是看到了男友的卧室后才决定分手的。

原来，在朋友的姐姐面前，男友一直是一副文质彬彬、温文尔雅的样子。在朋友的姐姐的印象里，男友的衣服无论新旧都十分整洁，从不会有褶皱，胡子也是经常打理。朋友的姐姐一直认为，他是一个干净利落的人，这样的人素质也不会太差。

直到有一次，朋友的姐姐临时有事去男友那儿，男友不在，是他合租的室友给她开的门。朋友的姐姐一进男友的卧室就愣了。穿过的袜子满地都是，剩了一半的泡面摆在床头，几个啤酒瓶倚在墙角，旁边还有满满一烟灰缸的烟头，更可恨的是，他的桌子上还放着和其他女生的合照，举止甚是亲密。

当时朋友的姐姐犹如当头棒喝，她记得男友跟她讲过，他不喜欢喝酒，也从不抽烟，更不寻花问柳，然而一个卧室，把男友的谎言全部戳破了。朋友的姐姐这才发现，男友一直在欺骗自己。

卧室是最不会说谎的地方，你可以用光鲜的外表、漂亮的言语来掩盖自己的缺点，却无法让卧室也学会伪装。

卧室可以让别人看穿你的弱点，也能让你发现自己的不足。如果你想改变自己，就从改变卧室开始。想改掉自己丢三落四的毛病，就先把卧室整理干净；想努力学习，就先把卧室里的游戏机搬出去，换成图书；想让自己冷静、学会思考，可以给卧室换个颜色，冷色调有助于人冷静思考。

环顾一下你的卧室，想一想，你该如何让自己变得更加完美？

兴趣是成功的开端，认知是成功的动力

-1-

前几天听淼淼讲，她又报了个兴趣班，跟着老师一起做陶塑，她说能自己做出一件作品，好有意思。

不知道这是第几次听她讲“好有意思”。之前，她报了插画班，结果没学几天就放弃了。想速成没有天赋，想练基本功又沉不下心，怎么画都画不好，干脆笔一扔不画了。

这样的事不止一例，我从认识淼淼那天起，见她练过书法、学过瑜伽、弹过吉他、打过架子鼓，还参加过一个兴趣小组专门去滑雪。看起来淼淼是兴趣广泛，但实际上大多是有头无尾。

有人说：“兴趣是最好的老师。”但我认为，很多兴趣缺乏理性的认知。就像淼淼，她兴趣广泛，但大多难以坚持，这样的兴

趣不但不会提高她的能力，还会白白浪费她的时间、精力和金钱。

有时候，兴趣不一定能推动你走向成功。

兴趣分两种：一种是对你所喜欢的事物的无限热爱，另一种就是一时兴起、心血来潮。

其实现在大部分人对喜欢的事物只是出于好奇，或是感觉这件事“很酷”“很有意思”，都缺乏了解。等到自己亲身体验之后，才发觉与自己原先的想象大相径庭，于是就放弃了这种兴趣。这种状态如果不及时改掉，就会恶性循环，不断地消磨你的精力。

要想走向成功，兴趣只是一个开端，还有一个更重要的因素，叫认知。认知，是信息加工的过程，也是人最基本的心理过程。它包括感觉、知觉、记忆、思维、想象和语言等。也就是说，认知的形成需要多方面因素共同努力才能完成。除了一时兴起，还要有理解、判断、分析、推测、思考等一系列的环节。这也就意味着，相比于兴趣，认知更为严谨可靠，更不易半途而废。

成功是一件很苦、很难的事，如果没有强大的执行力和坚不可摧的信念，很容易半途而废。

你只有了解自己在做什么，才能知道自己到底要不要坚持，在遇到阻力时才能告诉自己——不放弃。

朱熹说过：“知之愈明，则行之愈笃。”你只有在认知上更加清晰明了，你在行为上才会更笃定、更扎实。

-2-

认知，是一种责任。

有的人喜欢小动物，常常头脑一热就领回一只饲养，但由于三分钟热度，没过几天就厌倦了。这些宠物，幸运些的被转送他人，不幸的则被随意丢弃。尤其是一些猫狗，长期流浪，生存状况可想而知，它们身上携带的疾病也会对其他人的安全造成影响。

这些随意丢弃宠物的主人，自始至终都不知道自己在做些什么。他们认识不到自己的行为会给这些幼小的动物造成怎样的伤害，他们也不会明白，这些动物流浪在大街小巷给其他人造成了什么样的影响。就像当初饲养它们一样，如今的丢弃也毫无责任可言。

不知未必无罪，有时候，在没有正确认知的情况下，下决定，是对其他人的不负责。

认知，同时也是对自己负责。

记得大一时，有同学打算考研考古代文学专业，于是一直在联系老师，希望可以得到这些老师的指点。但她以为“古代文学”就是“古代汉语”。结果找错了老师，闹出了笑话。

我当时问她：“你没有了解过古代文学的相关情况吗？”

她说：“我也只是感觉古代文学挺有意思的，没有了解太多。”

说实话，当时我真不知道该说什么。考研，对于大部分本科生而言，就像另一个人生转折点，但这位同学仅仅是因为“挺有意思”而草草定下了未来，未免对自己的人生太过草率。

而如今，这位同学即将毕业，考研的事再也未被她提起过。

未经了解的热爱，不足以被称为热爱；未经认知的目标，也不足以让我们另眼相待。

学校社团招新时，我遇见一位同学，他把自己夸得天花乱坠。

于是我问他：“你为什么要参加这个组织？”

他说：“喜欢。”

我问：“你为什么喜欢？”

他结结巴巴，说不出来。

最后半途而废的，往往都是这些对自己喜好一无所知的人。因为他们只看到了华丽的外表，却不愿意探寻内在的本质。

有一种说法：看一个人，就看他喜欢什么。如果他连喜好都可以如此随便的话，那我无论如何都不能说服自己相信，他是个多负责、多靠谱的人。

-3-

认知是一个过程，它包括三个阶段：认识、接纳、调新。

认识，就是你对一件事的初步了解，大部分人产生兴趣都是在这一阶段。当你看到舞台上舞者的曼妙舞姿，会感觉很美，这个“美”就是认识。当你由“美”而对舞蹈产生一种喜欢，这就是兴趣。

接纳，换句话说就是深层次的了解。这时你对某一事物的认识已不仅仅停留于表面，而是对它的整体和局部都有了系统的掌握。此时，也是你判断对这件事物是否依旧保持兴趣的关键。这就好像恋爱中的人，起初你只是看中他的外貌或是气质，但此刻你还要了解他的性格甚至缺点。如果此时你依旧保持喜欢不变，那才是真爱。

调新，这是认知的最后阶段。到了这一阶段，你可以不必纠结于事物本身的价值，因为你已经足够了解它，你需要的是让这种认知成为一种习惯。因为任何事物都不是一成不变的，你需要不断更新你的认知，这样才能让你规避错误的判断。

尼采说过：“聪明的人只要能认识自己，便什么也不会失去。”

认知就像辩论，你需要不断论证，驳倒那些反对的声音，最后说服你自己，你是对的。只有这样，你在遇到困难时才不会措手不及，你才更有可能走向成功。

比起兴趣，认知更具说服力。有时候，一腔热血并不能解决问题，只有将事实摆出来，才能让人心服口服。

对于成功而言，兴趣并非不重要，但它不是关键，就像衬托红花的绿叶，不可少，却不是主角。兴趣随时都有消失的危险，但认知不会。通过认知得出的答案是经过深思熟虑，经得起推敲的，不会因为时间的推移而改变。

只有经过认知，你的目标才更具保障，才更容易达成。

愿你在奋斗的路上，除了兴趣，更多一份理智，在满腔热血之外，有一个成熟的认知。

只有旗鼓相当，才能相交莫逆

-1-

跟牛人交朋友，这是所有人的梦想。也许是受“近朱者赤，近墨者黑”的影响，能交上一个牛人朋友，也成了我们通往成功的一把金钥匙。

但实际上，除了用“在行”这一类App，购买牛人时间，请牛人在百忙之中抽出时间与我们见上一面以外，真正走进牛人生活，成为他们圈子中一员的可能性微乎其微。或许，你可以跟牛人见个面、吃顿饭，听到一些不一样的见解，但你与他的缘分仅限于此，你能受到的指导也会在此终结。

为什么和牛人交朋友就这么难?

我有一个同学，编辑专业出身，大学期间主动结交业界名流、学者前辈，但实际效果并没有她想象中那么好。

有一次，我陪她参加省图书馆举办的名师讲座，同行的还有很多业界老前辈。按理说，这是一个结交牛人的绝佳机会，朋友也不遗余力地做了很多准备，但实际结果是，尽管你在牛人大咖间做尽谦和之态，表尽敬仰之情，但他们往往只是善意地冲你做一个标准的微笑，好一点也许会跟你说上几句话。在这些牛人眼中，你与其他慕名前来的造访者无异，在他们心里留不下丝毫痕迹。

但相反的是，有一位和我们一同前来的学姐却相当受这些牛人的喜爱，这位学姐也总能与各路大咖相谈甚欢。

我那位同学为此愤愤不平，不明白同一所大学出来的学生，为什么学姐可以受到牛人青睐，甚至走进他们的圈子，而自己却不行。

这位同学似乎忽略了，牛人看不看重你，和你从哪来没关系，重点是你有什么资本能吸引牛人的眼球。

就拿那位学姐来说，刚入校时我们就听说过她的大名：大一的时候就成立了两个社团，办得风生水起；在其他人还在学校里默默无闻地学习时，她已经获得了去省电视台实习的机会；平日里与她交流，更是被她的谈吐、学识折服。而我那位同学，刚刚大一，在各个方面表现都不是很突出，跟学姐比，根本不是一个重量级的。

这样两个人放在一起，牛人会青睐谁不用想也知道。

-2-

华山论剑，只有高手才能相敌；与牛人为友，也只有和牛人一样，才能比肩。

但这里的“与牛人一样”，不是指财富、地位，而是你的思想、能力。

一代鬼才黄永玉，年轻时与“二十文章惊海内”的弘一法师有过一段不解之缘。

那年的黄永玉只有16岁，一路流浪到福建德化，在一家瓷器作坊做小工。在泉州开元寺，黄永玉爬到玉兰树上摘花，遇到一位“头顶秃了几十年”，“还留着稀疏胡子”的老和尚，而这位老和尚就是著名的弘一法师。

弘一法师面对这个初生牛犊不怕虎的毛头小子并没有恶言相斥，与他攀谈了几句后，便不动声色地招呼他到房间里坐坐。后来，弘一法师跟黄永玉常有交流。就在法师圆寂前四天，黄永玉还得到了他的一张条幅：“不为自己求安乐，但愿世人得离苦。”

你要相信，牛人有足够的经验和独到的眼光判断你是不是黄沙中的金子，能否将来让他们刮目相看，而你要做的，就是让自己的能力不断提升，等待与牛人相遇的那一天。

不要把牛人想得太可怕，真正的牛人不是独行者，而是懂得惺惺相惜的同道人。不要因为自己默默无闻就对牛人心存胆怯，二十年前，牛人或许和现在的你一样。他们不会因为你是无名小辈而对你嗤之以鼻，但会因你的肤浅无知而不屑一顾。在牛人的世界，他们缺的不是财富、地位，而是产生共鸣的思想。

-3-

旗鼓相当，除了思想上的修行，更需要平等，即人格上的平起平坐，你要把大咖当作一个“人”，而非“牛人”来看待。

无论是与普通人相交，还是与牛人相交，归根结底，都是与人的相交。既然是人，就免不了有人的感情在里面。

亲密关系最大的杀手就是孤独，而孤独源自许多人对一个人的敬而远之。无论你是敬仰他、爱戴他，还是崇拜他，这都会给人以距离感，即他高高在上，你低入尘埃。潜台词是咱们不是同一类人，也没办法平等，更谈不上成为朋友。

古希腊数学家、哲学家毕达哥拉斯说过：“友谊是一种和谐的平等。”19世纪俄国作家冈察洛夫也表示过：“友谊既不需要奴隶，也不允许有统治者，友谊最喜欢平等。”

人与人之间的高低，有时是由人格决定的。人格上无法平起平坐，怎么可能成为真正的朋友？

在大二期间，我曾给一些老师做助理，也因此认识了很多大家名流。刚开始见到这些大咖时我非常忐忑，生怕自己说错了什么话，做错了什么事，这种心态并不能让我的工作做得更好。后来我发现，很多牛人并不像我想象中那么威严，或许他有很多的头衔，但归根究底还是一个人。我不断告诉自己，这些牛人只是我的工作对象而已，我根本不用惧怕。

在这种思想下，我的工作水平有了很大提升，平等的交往方式让我能够坦然地面对每一位大咖，也使得这些大咖能够以一个平等的视角发现我的光彩。

面对交往恐惧症，林清玄有“五字大明咒”——我们都是人。没错，无论是邻家大妈还是牛人大咖，他们都是人。

这个世界上没有无缘无故的爱、无缘无故的恨，更没有无缘无故的友谊，你能和谁交朋友，完全取决于你是一个怎样的人。我们奔赴成功的过程就像攀登，牛人就好比接近巅峰的那个人，而你只有不断接近他，才能让他发现你，并最终带领你取得一个质的提升。

只有旗鼓相当，才能相交莫逆。你只有变得和牛人一样优秀，才有机会让牛人看到你，你才会有与牛人相交的可能性。

第四章

不要讨好他人，不要输掉自己

什么才是爱情最大的杀手

-1-

小玥与男友交往已有5年，到了谈婚论嫁的年纪却迟迟下不了决心。小玥总在怀疑："他喜欢的是我的人，还是我的身体？"小玥是那种凹凸有致的标准美女，有这种疑问在所难免，但她已经与那个男人在一起5个春夏秋冬，他什么情况她真的不清楚吗？还有这样的想法是不是有些"想太多"？

爱情最大的杀手，不是别人的横刀夺爱、父母的百般阻挠，而是你们还未修成正果，内心却已在这场保卫战中溃不成军。

他为什么爱我？他爱的是我的身体还是我的人？如果换另外一个和我条件一样的女孩，他是不是也会喜欢上她？随着时间的积累，诸如此类的想法会与日俱增，你越怀疑就越想证实，结果在你不断证实的过程中形成一堵墙，横于你和他之间，即使再荒诞的猜忌，也有变成现实的一天。

记得大一时，老师曾给我推荐了一本名叫《秘密》的书。书中有一句话："你生命中所发生的一切，都是你吸引来的。"听着有点唯心，但实际这也属于一种心理暗示。因为你心里存在着某个意识，在行动中就会有意无意地向这个意识靠拢，并把现实中的某些现象与你的意识相联系，最终意识影响了现实。这就好像有的人考试之前告诫自己不要紧张，但结果适得其反，越说不紧张反而越紧张。因为"紧张"两个字在你的脑中已经形成一种惯性，暗示你"没错，我就是紧张"。

爱情中也是如此。你总是在疑惑"他爱不爱我"，你翻他的手机，调查他的朋友，甚至用一些小伎俩去试探他，直到有一天，他被你逼得无处可退，跟你提出了分手，你心里的猜想得到了证实——他果然不爱我。

是真的不爱吗？还是在你的怀疑中，他的爱消磨殆尽了？如果你怀疑他，为什么当初要和他在一起？既然在一起了，为什么又要反复地去质疑？你就那么不值得被爱吗？就如文中的小玥，自身条件非常好，男友把她宠成了小公主，对小玥的嘘寒问暖，我们都看在眼里，但她总是疑神疑鬼，导致如今男想婚不能婚，女想嫁不敢嫁。

古人讲究“用人不疑，疑人不用”，这是一种气魄，也是一种本事。其实在爱情中你也需要拿出这样的大气来，你要相信，自己值得被爱。

-2-

恋爱中的男女会“想太多”，这无可厚非。不是因为你们之间出现了多大嫌隙，是因为太过喜欢，才会担心失去，担心你的这种喜欢得不到对方的回应。但别忘了，真正的爱不是猜出来的，那是一种相互吸引的心心相印。如果你把自己变成一个只知道多疑猜忌的女人，恐怕再情投意合的郎君也会被吓跑。

这种现象与其说是对恋人的不信任，不如说是源自你内心对被爱的一种恐惧。你不相信自己值得被爱，所以你才会患得患失、忧心忡忡，你才会有那么多“不确定”，你才会整天“想太多”。

这种恐惧多来自个人的某些经历，以致很多人在时过境迁之后依旧带着那时的刻板印象。他可能不自知，但在为人处世时便会不由自主地表露出来。

小玥小时候有很长一段时间被寄养在父母的朋友家，像一个皮球，被踢来踢去，隔几个月就要辗转到新的一户家庭。所以小玥一直有种不安全感，担心自己被抛弃、被嫌弃，即使现在她的家庭条件好了，人也长得美如天仙，但心里的阴影一直没有消失。

这种恐惧，与你取得多少成绩无关，它是一种来自内心的干扰力，如果你不能认清自己，那么你这辈子都会被这种恐惧困扰。

有人说爱人是一种能力，其实被爱也是如此。有太多像小玥一样的人，明明条件优越，却不敢相信自己能得到幸福。这样的人，无论谈多少次恋爱，交往多少个男友，都得不到幸福。

你把获取幸福的门关死了，外界再怎么阳光灿烂也是枉然。

-3-

要解决这个问题，最重要的一点就是要与主观臆断说再见。

很多人感觉自己得不到爱，多半是源于自我臆断。对方有点风吹草动，就胡思乱想。“今天他没跟我说晚安，他是不是不爱我了？”“这么晚他QQ都没下线，不会在跟谁聊天吧？”“这次他没给我发拥抱的表情，他是不是对我不上心了？”

这些就是你的主观臆断。一个人对你好不好，不是通过一句晚安、一个拥抱的表情就能看出来的。多少脚踏两条船的“渣男”一边对你甜言蜜语，一边左拥右抱？隔着一部手机，他可以欺骗你，同时你也能自己欺骗你自己。

首先，要辨别一个人是不是真的爱你，应该通过具体的事去体会、感受、判断，而不是自己一个人躲在屋子里胡思乱想。为什么有人说看一个男人适不适合你，和他来一场旅行就知道了？

就在于出行最能看出一个人的言谈举止、思想情趣。去哪座城市，到哪个景点，住什么地方，吃什么饭菜都能看出一个人的特质。耳听为虚，眼见为实。你亲眼所见总比主观臆断更真实，这与你自我感觉“他不爱我”完全是两个概念。

其次，你要充分认识自己。这句话听起来很俗，但很多人并不能真的做到。每个人都有闪光点，都有独一无二的地方，你凭什么认为自己得不到爱？就算你有缺点，难道别人就没有吗？这个世界有人去爱，就有人可以被爱。在爱情的战场上，别等到对方还未发动进攻，你就已经偃旗息鼓了。

你不是没人爱，很多时候你是不敢被爱。别人向你敞开怀抱，但你望而却步。解铃还须系铃人，真正能让你获得幸福的，只有自己。

最后，还想强调一点，没人喜欢被怀疑。如果你真的爱一个人，就请给他足够的信任，再恩爱的情侣，也架不住另一半的猜忌。当你怀疑一个人时，就代表你对他在某些方面的否定，对恋人而言，这无疑是巨大的伤害。

我们爱一个人才会去胡思乱想，但不要因为胡思乱想而断送了你的爱情。每个人都值得被爱，就看你愿不愿意争取。

面对爱情，有时你应该现实一点

-1-

以前听朋友讲她的爱情观，说向往钱锺书与杨绛那样的爱情，那个男人要是她的恋人，还要是她的知己。后来朋友遇到了A先生，A先生与她志趣相投，而且在A先生眼里，朋友是他见过的“最才的女”，只差变成“最贤的妻”。但很可惜，朋友还是将他拒绝了，原因是A先生长相一般、家境不好、个子太矮。

我问她，你的择偶标准不是找一个爱你如钱锺书爱杨绛一般的人吗，什么时候变成相貌、家世和身高了？朋友告诉我，她的择偶标准没有变，但看到A先生的样子，她确实喜欢不起来。

人都是感官动物，这一点没错。无论你是男是女，当你第一眼看到一个人时，最先看的是他的外貌。男看身高，女看身材，然后跟你心里的那把尺相衡量，进而判断眼前这个人对你的吸引力。或许听着不怎么开心，但这是事实。尤其是逢年过节要将恋人带给亲朋好友“过目”时，恋人间的感官性尤为突出。

谈过恋爱的人应该都有这样的体会，你把恋人带出去，最怕的就是听到有人说你的恋人长得一般，还没什么特长。这不仅是诋毁你的恋人，也是对你品位的一种讽刺。仿佛那个人是在说，你也就配得上这样的人。

很多情侣单独在一起时你侬我侬，但这份感情有时会夭折于众人的评价。起初，你感觉那些人不懂得欣赏你伴侣的美，后来发现他们说得还有点道理，再后来干脆就和大众的态度变得一致，感觉找这样一个人实在是委屈自己，难道自己只能配得上他吗？于是各种不甘、各种委屈都涌上心头，两个人的结局也可想而知。

讲起来很残酷，但这就是现实。大家有没有发现，那些追寻纯粹爱情的男女，多半存在于青春萌动的少年时代。看了几本小说，听了几个故事，就打算“一生一世一双人”。后来我们长大了，当面对生活里各种各样的博弈时，我们才发现童话多是骗人的，进而更愿意做一个现实的人。

-2-

在爱情里现实一点，没什么不好。

物竞天择，适者生存。在以结婚为前提的恋爱中，无论是男性还是女性都会考虑后代问题。

你会去想，和这样的人结婚，他的遗传基因对你的孩子会造成什么影响？他眼睛这么小，要是生个女儿会不会也长成这样？他那么矮，将来孩子也不高怎么办？最初，一个人的缺陷只是他的个人困扰，谈了恋爱后就是两个人共同要面对的问题，如果将来有了孩子，缺陷可能会延续至后代，婚前这些现实的问题没考虑好，最后痛苦的就会是三个人。

人也是动物的一种，无论进化得多高级，动物的本性不会变。以前看《动物世界》知道，大部分雌性动物都会选择在体能上有明显优势的雄性，以繁衍更为优良的后代。人也是一样，只不过优势变成了长相、健康、智商这些东西。

很多人批判这样太物质了，根本不会获得真正的爱情。我想问，什么是真正的爱情？爱情就是你好我也好。贫贱夫妻百事哀，人只要活在社会里，就要面对现实。你说太物质，那你不吃不喝去风花雪月好了。我不确定物质丰富的爱情能不能走得更久，但我认为一对吃不饱的夫妻可能连谈爱情的心思都没有。

都是成年人，谈点现实，没什么不妥。

-3-

现在有越来越多的人承认“门当户对”的重要性。

一个人的生活环境影响了他的思想、行为，如果两人条件太过悬殊，共同语言就会少之又少，平时的生活习惯也会格格不入。当他们的爱情被时间冲淡，由最初的热烈转为平静，那些在爱情中被冲昏头脑的夫妻就会发现，原来自己喜欢的另一半有这么多缺点，而这些缺点会因为你们的条件相差太过巨大而变得越来越难以忍受。

以前看小说，总有一些“玛丽苏”情节。一无是处的灰姑娘总能被风度翩翩的王子相中。然后经过家族阻挠、经济封锁、美女诱惑，王子依旧深情不改，最终灰姑娘嫁给了王子，终成眷属。

你知道为什么小说会写这种题材？是因为在现实生活中，这是发生概率极低的事。这时，就需要小说来完成你的梦。

在现实生活里，真正的王子爱的是真正的公主。因为他们有共同的兴趣爱好、相似的生活环境，他们可以讲新西兰牧场的风土人情，巴黎时装周的前线潮流，他们能够一眼看出哪幅名画最珍贵，听出哪首曲子弹得最好……你讲真爱无敌，我要告诉你，真爱也要建立在惺惺相惜的基础上。

所以，别鄙视那些“势利眼”的父母，非把亲家的家底、背景搞清楚，才肯决定放不放手。历经了生活磨砺的父母更懂得爱情与生活的区别，他们知道，当爱情的热情过后，吃喝拉撒才是生活真谛。

这时，想要永久的幸福，就要现实一点。

-4-

我那个向往杨绛与钱锺书的爱情的朋友最后拒绝了A先生，并没有什么错。告子说：“食、色，性也。”人对感官上的追求只是一种本性。你不想有一个长相姣好的另一半吗？你有多大本事能让别人透过你的外在看内心？你说我太功利，你又有多大自信可以抵挡现实的诱惑？

如今，很多海誓山盟都比不过现实的打击，我在爱情里现实点，不过是防微杜渐，希望自己少受一点伤害。谁不是爹生娘养，我们想过得好点有错吗？

那些埋怨现在的男女太物质的人，大多都是自己能力不足，结果吃不到葡萄就说葡萄酸。你不优秀，别人凭什么看上你？

我们一方面要求恋人如何如何，同时也不能忘记提升自己。你用一把尺子衡量别人，别人同时也在衡量你。别等到有一天，你发现自己找到了适合的人，却发现自己配不上人家。

其实，越优秀的人对待爱情反而越理智，他会考虑很多因素，一旦他决定与你携手，那肯定是经过深思熟虑的，很少有后悔的现象。我们追寻这种现实的爱情，一方面是因为他对我们有足够的吸引力，另一方面也是因为这样的爱情更有保障。这与他的修养、见识、思维方式有很大关系，而并非简简单单的有钱、长得帅。

爱情，不是风花雪月、你侬我侬，它早晚都要经受现实的洗礼。与其等到面对现实时手忙脚乱、仓皇无措，不如从一开始就选择经得住考验的爱情。

所谓的现实，无非是为了追求稳固的爱情。我在爱情里多一分现实，只是为了将来我们的婚姻中少一点痛苦。

你的爱情需要仪式感

-1-

怎样证明你爱我？铺满鲜花的小路，宿舍楼下的荧荧烛光，还是你不言不语的守候，抑或彼此相见时的欢欣？

原以为，爱，可以无言。后来发现，我错了。

和F先生在一起两年，他从未陪我庆祝过情人节。即使是我的生日，他也是忙于案前，一个电话接着一个电话，沉浸在自己的工作里不能自拔。

他总是安慰我：两个真心相爱的人在一起，天天都是情人节；两个无爱的人在一起，即使天天过情人节又有什么意义？

我信了，信他说的每一个字。我相信我们之间的爱情，不会因为缺少节日的仪式感而淡化；我也相信，一个忙于工作而忽略女友的人，有他的情非得已和身不由己。

但每年的情人节，当我一个人走在大街上，看着恩爱的恋人们手牵着手四处闲逛，我还是能感受到一种无言的委屈。我感觉自己被双面夹击，既不能像“单身狗”那般自由洒脱，也不能与恋人卿卿我我。

终于，我还是忍不住了，埋怨他对我的不关心，而他则嫌我不明事理。

最终结局可想而知，我告别了这个苦恋两年的恋人。他没有做过多挽留，我也没有多少留恋的念头。据说他后来又找了一个女朋友，那姑娘伶牙俐齿、俊俏活泼，F先生视之如若珍宝。不但情人节时成双成对，就连两人相恋的纪念日也要庆祝一番。那时我才明白，哪有什么大爱无言，这只是他无爱的借口。

所谓的“相爱的人在一起，天天都是情人节”重点并不在“相爱”，而在“情人节”。

如果你的另一半，连陪你过个情人节的精力都没有，那你真的需要考虑一下你们的关系。

曾经，我不要什么鲜花、巧克力，也不会强求你说爱我，我只需要你的真心。我后来明白了，一份小小的礼物也许并不贵重，但它传达的爱意是无价的，是弥足珍贵的。如果你无法表达你的爱，那我只能当爱已不存在。

-2-

高中时的一位同班男同学，到大学时愈发长得帅气逼人，女朋友换得极勤。他常与我们开玩笑，说这叫“万花丛中过，片叶不沾身”。

听他讲过一个故事：某年七夕，他忙着和室友打游戏而忽略了女友。女友大怒，而他却搬出一套理论，说七夕在古代是乞巧节，是女子向天神祈求心灵手巧的日子，中国真正的情人节并非七夕，而是正月十五。现在的七夕已被物化，是商家推销产品的手段，我们怎能被骗呢？

没想到的是，这套理论真的说服了那个姑娘，她还觉得他见识广博。只不过，真到了正月十五，也没见男同学再提起过这件事。那位姑娘没有被商家骗，却被自己的男友坑了一回。

有时候，理由就是借口，是你对错误的无端辩护。我们都是普通人，按照普通的标准行事。情人节就是情人表达爱意的节日，中秋节代表团圆，除夕就要阖家欢乐。你会忍心在除夕夜跟你的父母说，新年只是一个仪式，所以你就不回家了吗？你不会忍心，但你却能用这种理由搪塞你的爱人。你忽略了一件事：真正的爱情需要仪式感去维持。

你遇到老师要问好，面对逝者要默哀……这些都是仪式。敬礼是表示尊重，默哀是代表哀思，你不能因为他们是仪式而拒绝实行。没有人会相信对老师视而不见的人会懂礼貌，面对逝者开怀大笑的人能心怀敬畏。

我们为什么需要仪式感？就是为了让自己的情感有一个表达的载体，让我们含蓄的情绪得以释放，让我们不安的心得到抚慰。如果你连一个仪式都不愿做，别人又如何能奢求你付出更多？

-3-

顾小姐是一位洒脱的姑娘，在爱情里永远一副无所谓的样子。男友送不送她礼物无所谓，反正她也懒得回礼；男友约不约她出门无所谓，反正没了男友还有闺密；男友会不会说情话无所谓，反正她听了也会起鸡皮疙瘩。

然而就是这样一位对待爱情“无所谓”的姑娘，也有被降伏的时候。

顾小姐遇到了范先生，爱情观发生了大转变。她开始琢磨范先生生日时送给他什么礼物；每次和范先生约会都要精心打扮；一遍一遍地问范先生“你喜欢我吗”，得到肯定的答案之后就如小孩子吃到了糖一般幸福。

我们都很好奇，原先顾小姐不是不注重这些仪式吗，为什么遇到了范先生一切都变了呢？

顾小姐一脸幸福地告诉我，原先恋爱只是因为那些人喜欢她，而与范先生在一起，是因为她喜欢范先生，没有人能像范先生这样让她怦然心动。这个男人就像是个意外，突然就出现在了顾小姐的世界里，让她方寸大乱。

为了范先生，顾小姐愿意卸下武装。她说，只有爱一个人，才会愿意为他费尽心思，才会做那些仪式感极强的事，用各种小心思证明两人的爱。

据说前不久，在顾小姐与范先生的恋爱纪念日，顾小姐送了范先生一块手表，她说她要用这块表来纪念这几年的恋情，并希望他们的感情能地久天长。

什么是爱情，就是我好你也好，我想把我的好给你，你也想把你的好给我。

怎么做？就要通过各种仪式来完成，让你感受到我的好。

这种仪式是发自内心的，是自觉的。你看有人表白喜欢制造各种惊喜，灯火、音乐、人群、欢呼。外人看来似乎男主角太讲究排场，只有当事人知道，在他眼里，只有这些仪式感极强的排场才配得上自己心爱的人。

就好像我看见一束花，第一时间就想到了你，所以送给你。花是仪式，也是我对你的爱。

-4-

我不是圣人，不能看淡人间烟火。但我不希望有一天，看见你与另一个女孩成双成对，才发觉你曾经对我说的“大爱无言”只是骗人的鬼话。我需要被拥有仪式感的爱情浇灌，就像婴儿需要母亲温暖的怀抱。我需要用仪式证明，在爱情的世界里，你是我的。

“爱在心口，何必多言”是一种默契，但形成这种默契需要磨合。在磨合的过程中如何证明我们的爱，依旧离不开仪式。这和是否善解人意无关，这是人的基本欲求。就像你要吃饭喝水，你不能说吃肉的没爱心，也不能说喝水的没节约水资源。

记得电视剧《我的朋友陈白露小姐》里有一句话：“好女孩得到一个‘好’字，坏女孩得到所有。”我不求得所有，但我应得的，绝不会放手。

如果我再遇到一个男生，我要让他陪我看烟火、看星空、看大好山河，过情人节、过生日、过纪念日，我要在过马路时牵着他的手，在公园的长椅上倚着他的肩。

我要充满仪式感的爱，要在别人羡慕的眼光中看到你对我的爱。

我想跟自己谈一场恋爱

-1-

前几天收到素素的明信片，她说她一个人在丽江参加某个义工旅行活动。

虽然时间可以改变一个人，但素素的变化未免太大了些。记得高中时她还是一个说话都会脸红的小丫头，如今竟然能单枪匹马跨越大半个中国跑到丽江去旅行。

素素说这要感谢当年那个拒绝她的男生。

提起这个男生，我仍记忆犹新。那个男生是我们高中时的学霸，素素和他做了三年同学，也暗恋了他三年，每次素素想起学霸都会写下一篇日记，直到毕业，素素捧着厚厚三大本日记跟学霸表白，结果素素被直接拒绝了。那天，素素在电话里跟我大哭一场。

后来素素才明白，学霸一直知道她喜欢他，但他从未喜欢过她。

喜欢一个人太久反而会忘却爱本身的意义。或许是太渴望爱情，每一次的回眸都变成了恋爱的序曲，一旦这首乐曲错了节拍，所有的美好就会变成痛苦。

那段时间的素素每天都把自己关在卧室。直到偶然看见镜子中自己蓬头垢面、眼圈红肿的模样，她才明白，自己为什么被拒绝。

恋爱的至高境界就是懂得如何爱自己。

我们总是这样，默默地喜欢一个人，为之欢喜为之忧，以为卑微到尘埃里的爱可以换得白马王子的青睐，但我们忘了，王子是要配公主的，你让自己活成了丫鬟，又如何能让对方爱上你呢？

爱一个人，首先要学会爱自己。有魅力的女孩永远都会保持着光芒万丈的样子，她不需要刻意追求什么，很多事情都会水到渠成。

你可能会抱怨，为什么她的命就那么好？其实这不是命运，而是一种心态。“爱美之心，人皆有之”，美丽的事物大家都喜欢。所以你需要做的，就是像爱惜珍宝一样爱惜你自己，让别人看到你光鲜靓丽的一面，告诉所有人，站在面前的这个女孩不是灰姑娘，而是白雪公主。

-2-

但说到爱自己，怎样才算真正的爱？

是到商场里给自己“买买买”，还是任由自己肆意妄为、无法无天？我想，应该像和自己谈一场恋爱一样，把对另一半的热情统统倾注到自己身上。

当你喜欢一个人时，可能以前不会做饭的你会穿上围裙，缝个衣角都嫌麻烦却有耐心为了一个DIY礼物鼓捣一下午。

这份热情，无论谁看见都要羡慕不已。用这种令人羡慕的方式去爱自己，不会错。

素素说，在丽江那段时间，她在青年旅店打工换取旅费。每天早上七点起床，打扫院子，整理前台，跟阿姨一起收拾客房。打开窗帘，看着阳光透过窗户照在柔软的被子上，心里有种说不出的满足。现在，她不会去想那个曾让她撕心裂肺的学霸，此时的她，很幸福。

我想，将来素素无论是独行还是与另一个人携手，她都会过得很滋润。她早已把恋爱的态度贯穿到了生命里，不管那个被称作“男友”的人有没有出现。

每一个女孩都要努力把自己活成一幅色彩绚丽的油画，随性不任性，敢为不妄为。如果你曾为一个男人辗转反侧，此刻我更希望你能为自己彻夜难眠。

-3-

周姐是我参加一场读书交流活动时认识的，她是标准的精英女性。她单身了近30年，常常被家里人“催婚”，却依旧不慌不忙。每天除了工作，她会去学油画，把自己的“大作”装裱好挂在家里做装饰；周末她会为自己做一顿大餐，或是请朋友过来尝尝自己新学的佳肴；她还会定期去练瑜伽。

我问她一个人不会孤单吗？

周姐答得很坦然，她说生活就是要自己对得起自己，不管别人怎么看，首先你要自己过好。尽管夜深人静看着万家灯火时，难免有些许落寞，但与别人在一起看的是缘分，不能强求，在遇到那个良人前，你要懂得让自己过得更加精致。

周姐现在何尝不是在跟自己谈恋爱？她让自己的每一天都过得充实且有意义，费尽心思给自己制造小惊喜，努力把自己打造成一个公主。尽管她的王子还未出现，但她的生活并不输于那些恋爱中的女孩。

每年的情人节，我都要请自己看场电影，吃顿大餐，最后再买一束玫瑰花送给自己。

那天我会拒绝所有以“单身”为名的聚会，我并不觉得单身有什么可调侃的。如果我可以很好地照顾自己，那能否找到一个人陪伴又有什么区别？

即使这个节日与我无关，我也拥有享受鲜花与幸福的权利，而且这份权利不用别人赋予。

当然，如果我遇到一个可以让我怦然心动的人，我也不会拒绝。但那只会是锦上添花，而非雪中送炭。

-4-

你对自己的态度里隐藏着你的气质。一个懂得如何爱自己的人一定明白如何爱别人。你对自己越好，反而越能获得别人的赞赏。大家会佩服你，一个人也可以活得如此精彩。如果你最终获得了爱情，那你也会有足够的底气，不会在恋情中迷失自我。

跟自己谈一场恋爱，谈的是一种态度、一种能力、一种勇气。你可能会注意到，自己现在是一个人。每天的早安晚安，可能是自己对着镜子加油打气；生病时的嘘寒问暖，可能是自己给自己倒的一杯热水。但我们依旧要照顾好自己，不能有丝毫懈怠。

不是所有人都有能力像对待恋人一样对待自己。人生不如意事十之八九，我们随时都会遇到令自己措手不及的事情。那些能为自己撑起一把伞的人，往往都是大浪淘沙下的胜利者。

无论如何，都希望你可以在生活的路上找到属于自己的幸福，学着跟自己谈一场恋爱，让别人望尘莫及。

不要轻易拒绝别人善意的劝告

-1-

《我的前半生》在2017年引发了热议，我看了电视剧，又买了原著，里面有一个情节让我感触很深：罗子君忙了一天，为了及早赶到前夫家里接平儿，开着一辆小破车，在大雨滂沱的夜晚急匆匆赶回上海，结果车在半路抛了锚，自己也被淋成了落汤鸡，幸好遇到贺涵，才幸免于难。

贺涵载着罗子君来到她前夫家，车停在门外，贺涵望着熟睡的罗子君未作声。待罗子君醒来，贺涵说了一句话："你确定要这么湿漉漉的，上去接你儿子吗？"

接下来，贺涵一五一十、有条有理地把罗子君此刻不该去接平儿的理由摆了出来。

我以为，罗子君不会听。毕竟楼上住的是她的儿子，毕竟倾盆大雨加上车抛锚让人心情不好，毕竟当初她付出了极大努力才获得了平儿的抚养权……她有成千上万个理由可以置贺涵的劝告于不顾。

令我惊讶的是，罗子君竟然听进去了！

贺涵说："松开手，你才能够承受更多的东西。"未容罗子君多想，前夫陈俊生就打来电话。那一刻，罗子君竟然气定神闲地告诉陈俊生自己今天不去接孩子了，语气淡定得仿佛早已做了决定，与在公路上急于赶路、狼狈不堪的样子判若两人。

能在慌乱的状况中镇定下来，在短时间内分析他人对自己的劝告，分清利弊。这一刻，罗子君足以甩凌玲好几条街。

和罗子君相比，她的妹妹罗子群则是一个反例。

故事一开始我们就知道，罗子群嫁了一个不学无术的"废物式"丈夫。从两姐妹妈妈口中得知，这是罗子群当年不顾家人劝阻追求爱情的结果。

婚后的罗子群并不幸福。丈夫做生意连连赔本；债主追债，还要让她跑出去给他借钱"擦屁股"；丈夫鲁莽冲动，轻则吵架，重则动手，因为发现罗子群与发廊小哥搞暧昧而砸了人家的店。

听劝和不听劝的差别，在罗子君和罗子群姐妹俩间显露无遗。

"不听老人言，吃亏在眼前"这句话并不是空穴来风。何止是老人言，每一个善意的劝告，我们都应该细加考量。

每个人都有自己的经验和眼光，当我们依靠自己的能力无法弄清是非曲直时，就可以参考其他人的建议。

当局者迷，旁观者清。就像温水煮青蛙，青蛙不会知道自己即将面临什么，只有身处事件之外的人，才能看清此时此刻正在发生的真相。

-2-

小姨是姥爷家里最得宠的女儿，如今却是生活过得最凄惨的一个。

她命运的改变从结婚那日开始。

小姨的婚姻极不被看好。那个男人离过一次婚，自以为是、脾气暴躁，除了长了一张还算不错的脸，真找不出其他优点。然而小姨就是被这张脸吸引了，以至于一叶障目，不见泰山，完全忽视了他的其他缺点。

当小姨宣布要嫁给这个男人时，所有人都劝她三思而后行。姥爷甚至跟小姨摊牌，她若嫁过去，便不认这个女儿。即使如此，小姨依旧不听劝阻，一意孤行。

婚后的小姨并不幸福，三天两头吵架。后来，男人说要去赚大钱，不顾家人阻挠举家迁到了一个遥远的城市，不成想生意一败涂地，要靠亲戚接济过日子。男人学历不高，对工作又挑三拣四，生活的担子都压在小姨一个人身上。

自从小姨搬了家，见她的次数越来越少。只有一次在过年时，看她比以前憔悴了不少，还带着一个木讷寡言的孩子。

据说小姨嫁的那个男人每天好吃懒做，天天梦想着发财。不知小姨上完班回家，看着在家里抽烟喝酒、做白日梦的丈夫，会不会后悔当初没听家人的劝阻？

有时候，不听他人劝阻，那不叫力排众议，而是一意孤行。你没有冷静的头脑、卓越的智慧，就要懂得低头，打开你的耳朵听取他人的建议。

-3-

不听劝阻，会让你后悔一辈子。

我有位同学的表妹高考前无意得知父母要离婚的消息。为了不影响她高考，她父母安抚她，如果考上重点就不会离婚。

同学的表妹信以为真，埋头苦学，最后超出重点线一百多分。然而，她的父母没能履行诺言，他们说："当初只是不想让这件事影响孩子的前途，看到孩子发挥得不错，我们也就心安了。"

大人看到的是成绩，孩子心里挂念的却是父母。同学的表妹发现自己的努力付诸东流，父母最后还是要离婚，一气之下报考了一个和自己成绩极不相称的大学。

家里人都说这姑娘疯了，劝她不要意气用事，这关系到自己的前途。可她铁了心，就要用这种方式报复自己的父母，无论谁来劝，她都无动于衷。

原本同学的表妹可以报考一所不错的大学，最后因为自己的一意孤行而与之失之交臂。如今她所在的这所学校，从资源到硬件实力都没办法和她心目中的大学相提并论。看着当年同水平的同学在自己心仪的学校里享受着丰富的资源，同学的表妹心里有一丝说不出的后悔和难过。

后来，同学的表妹说："父母之间的事不能强求，我用自己宝贵的四年时光报复他们，最后苦的还是我自己。我真后悔当初没听你们的劝。"

可惜，世界上没有卖后悔药的地方。我们对别人的劝告不理不睬，最后只能自讨苦吃。

那些给你劝告的人，不是吃饱了撑的没事做，才跟在你身后苦口婆心。他们是真心希望你可以过得更好，不愿意看你走弯路。

珍惜每一个劝告你的人，他们都是你的财富。

适当听取他人的劝告，是一种聪明的表现。

回到《我的前半生》，罗子君拿到了关于凌玲的工作材料，唐晶说能从现场访问员升到咨询公司的她只见过凌玲一个人，凌玲身上有子君需要学习的东西。

凌玲是谁？是罗子君的情敌啊！这两人的关系应是势如水火、互不相融的。向情敌学习，有多少人能做到呢？

然而罗子君做到了。

她学着凌玲的样子做笔记、写批注，一丝不苟地完成自己的工作。面对唐晶让她向凌玲学习的劝告，她没有生气，没有恼怒，而是心平气和地接受并实践。

莫里哀说过："对于聪明人来说，劝告是多余的；对于愚昧人来说，劝告是不够的。"我们谁敢肯定自己就是那个聪明的人？我们能做的，只是让自己离愚昧远一点。

愚笨的人不懂接受新信息，不撞南墙不回头；聪明的人善于听取他人劝告，适时改变路线。

你的命运是好是坏，有时就差在这一点上。失之毫厘，谬以千里，不要不把别人的劝告当回事，改变你未来的可能就在劝告你的几句话里。

别轻易答应在微信里跟你表白的人

-1-

小雅恋爱了，毫无征兆。对于一个总宅在寝室的姑娘，我们甚至想不出她是如何同男友认识的。

小雅摇了摇手机说："我们一直在微信上交流。"

原来，这个男生是小雅在同校老乡群里认识的。当初男生加了小雅微信，总会有意无意地找小雅聊天。遇到有意思的事，发微信告诉小雅；看见美丽的风景，拍给小雅看；若是无事，也会道个早安、晚安，刷一下存在感。

久而久之，小雅渐渐习惯了有一个男孩子每天出现在自己的微信里。直到有一天，男孩子在微信里表白："做我女朋友好吗？"

之后的事情，便如我们开头所见，小雅恋爱了。小雅恋爱后，他们每天在微信里你侬我侬，而小雅也是躺在寝室的床上给我们四处“撒狗粮”。

可惜好景不长，没过多久，男生便另有新欢，依旧是在微信上认识的，依旧是在微信里跟人家表白。

那天，小雅在寝室哭得泪如雨下，后悔自己当初轻易答应，没发现对方是个喜新厌旧的“渣男”。

不过，小雅似乎忽略了，一个只会在微信里对你嘘寒问暖、跟你谈天说地的人，本身就没有多靠谱。

爱情是一件感性而庄重的事，我们需要看着对方的眼睛，聆听对方的声音，触摸对方的温度，才能确定对方的心。重视你的人，不会只在微信里说爱你。一个只会在微信里说“我爱你”的人，不是个懦夫，就是个“渣男”。

何时，人们已经忘记了，微信只是一个通信工具，它无法替代你。在微信发一句“我爱你”只需一秒钟，面对一个人，想要说出口，却需要极大的勇气和感情。

我一直认为，“爱”是个极其珍贵和严肃的字眼。如果有一天，我要说出它，必须要面对面，郑重其事地说出来，而非在键盘上简简单单地敲出个“爱”，草草了事。

那些不把表白当回事的人，你还指望他会把你当回事吗？

看一个人是否在乎你，只需看他表白时的样子就好。这里指的未必是蜡烛、鲜花、掌声和人群，这些只是锦上添花的装饰，你需要看的，是他说话的语气、看你的眼神、表现的动作，而这些是在微信上看不到的。

说句不好听的，谁知道那个男的在微信里的表白，是不是在打游戏的间歇抽空发给你的？

隔着微信，对面的人在做什么，你根本不会得知，而一条语音或一段文字，只不过是他截取给你的他的样子。

微信里再暖，也赶不上彼此的相视一笑。

-2-

一个民谣乐队曾到我们学校办一场音乐会，在音乐会快要结束时，乐队主唱跟我们分享了他与妻子的恋爱故事。

主唱曾是我们学校的学生，而他的妻子那时在一千多公里外的另一座城市求学。两城相距并不算远，但主唱目睹了很多恋人的爱情败在这一千多公里的路上。

主唱说，他不想自己的爱情也如其他异地恋一样，他不敢想象没有他妻子的日子。此后，他开始了奔波于两城的生活。

每个月他都会坐火车去看他的妻子一次，这一看便是四年。

有的朋友劝他：“打电话、发微信都可以呀，何必每个月都要见一次，多累啊！”

但在主唱眼里，见不到她才是最累的。主唱说，每个月他最期盼的就是与她相见的那几日。他只有亲眼见到她，真真切切地看到她的笑貌，确定她一切安好，才能心安。而微信、电话都是无法与之相比的。

真正爱你的人，不会满足于只在微信里问一句“吃了吗”“睡了吗”，他会时时刻刻想要见到你，无论相隔多远。而那些连表白都是在微信上进行的人，我真不敢相信他对恋人能有多上心。

-3-

前几天，小林终于追到了自己的梦中情人，兴高采烈地请我们吃了顿大餐。

回想小林追求女孩的经历，实属不易。

女孩是我们学校的校花，吹拉弹唱样样精通，还写得一手好文章，倾慕者如恒河细沙。而小林相貌平平，个子不矮却也没有多高，没什么明显短处也没有什么特长，放在人群里也不显眼，但就是这样一个人，最后赢得了女孩的心。

原来，女孩的追求者虽然不少，但敢于当面跟她表白的却不多。有的给女孩“鸿雁传书”；有的在微信里对女孩嘘寒问暖；有的频频在女孩面前刷存在感，却始终不敢开口说喜欢……而女孩也是看惯了这些“伎俩”，默默在心里把这些追求者淘汰掉。

小林说，他起初并没有想到自己会抱得美人归，他只是想把自己心里的话亲口说给女孩听，即使被拒绝也无遗憾，至少对得起自己的这份情感。没想到，女孩还真的就被小林的表白感动到了。

对我们而言，小林的故事听起来就像天方夜谭，这世上什么样的男生没有，怎么女孩偏偏选中了小林呢？

我想，不管什么样的女孩，她们的内心都渴望一份安定和踏实，有谁会喜欢和心口不一的人在一起呢？即使你的皮囊再好看，也比不上一颗诚实真挚的心更讨人喜欢。比起各种各样的伎俩，一句亲口说出的“我爱你”更能打动人心。

曹禺说过：“常相知，才能不相疑；不相疑，才能常相知。”如何才能常相知、不相疑？不是简简单单在微信里说句“我爱你”就可以感受到的。只有看得见你的表情，听得见你的声音，感受得到你的体温时，我才能知道你的喜怒哀乐，我才清楚你说这句话时是心甘情愿，还是心有不甘。

姑娘，从现在开始抛弃那些只会在微信里撩你的人吧。离开微信，在现实中认认真真谈一场恋爱。看他说话时的举动、表白时的神情，这要比在微信里卿卿我我有意思得多。

最后，再叮嘱一遍：不要轻易答应一个在微信里跟你表白的人，你的爱情不能敷衍！

第五章

别急，你要的岁月都会给你

我们的时间都很宝贵

-1-

最近找我改稿的朋友越来越多。我想，大家都希望自己的稿子可以发表，我当初也希望自己的稿子印成铅字，或是被大家转载。当时真的很渴望能有人为我指点一二，不过我比较惨，是自学成才，一路跌跌撞撞积累了点经验，总算有所收获。

将心比心，我十分能体会现在找我改稿的朋友的心情，所以对于大家的请求，我一直没有拒绝过。

不过，我平时要写的稿子非常多，几乎是一篇稿子刚写好，另一篇就要开始动笔。记得日剧《重版再来》里有这样一段台词："所谓的周刊连载，就像是一场没有终点的马拉松。不像接力赛，接力棒交不给别人；也不像足球，没有可以传球的队员。只有你一个人，朝着每周的截稿日奔跑，以为终于到达终点了，结果还有下一周的截稿日。”我虽然不是在周刊上连载，但感受是一样的。

自大三下半学期开始，我几乎天天都在写稿，即使是暑假，我也是电脑不离手。我已经忘记惬意地靠在床上看一部剧是什么感觉了。白天，只要能在床上躺上一小时，什么都不想，我都已经感觉很幸福了。在这种情况下，每天我只能抽出晚上的时间给朋友看看稿子。

有的稿子，问题不大，我会直接在文章中标出，反馈给他，有的问题较大，我就要一对一地指导。

平时还好，一到了节假日，这些人就不知道跑到哪里去了，常常我问他们在不在的时候，都得不到回应。等他们回应了，我又在写稿，没时间回复。

后来，我跟他们约定了一个时间，每天晚上八点至十点，保持手机畅通，我会准时找他们讲稿子。其实，这个时间段我通常用来构思稿件大纲，以使白天写稿更顺畅，但往后推我担心影响他们的睡眠，于是，我就把自己的日程安排改动了一下，先给他们讲稿，之后再构思稿件大纲。

但没想到，他们竟然跟我说：“小猪，这个时间段我和朋友约好要打游戏，时间上来不及呢。”“小猪，这个时间段我要追剧，能改个时间吗？”“小猪，晚上九点后我要睡美容觉，你一定要九点前找我呀。”

……

我为他们考虑，特意改变了我的作息，而他们竟然因为打游戏、追剧、睡美容觉这样的事让我调整时间。

若论时间紧，谁的时间不紧？我每天早上五点起，晚上十一点睡，剩下的时间不是在写稿，就是在构思稿件大纲。我给他们改稿的时间，都是从我每日的计划里挤出来的。我完全有理由让他们等我忙完自己的事再跟我联系，或者干脆拒绝他们。但他们不但不理解，还要跟我讨价还价，我突然感觉自己像个傻子一样。

每个人的时间都很宝贵，当你占用别人的时间时，一定要心怀感激，不要把这事当作理所当然，因为别人每帮你做一件事，都是在消耗他们的时间，有这些时间，谁不想做点自己想做的事呢，何必把宝贵的时间浪费给你？

-2-

我们都学过“一寸光阴一寸金，寸金难买寸光阴”，小时候不理解，现在真心觉得，时间真的是寸秒寸金。

我遇见过一位学妹，请教关于在哪里可以投稿的问题。她信息发来时正赶上我写稿子，而我写稿子时手机都是静音的，所以一般都察觉不到。

等我看到这条信息时已经很晚了，但我还是打算回复她。可没想到，我刚说一句话，她就跳了出来，埋怨我为什么回复这么晚，最后冷冷地说："不用了。"一副我欠她的样子。

我当时便质问她："就算我回复晚了是我不对，你对为你答疑解惑的人这种态度，难道你就没错吗？我写稿子时，手机设置成静音，你的消息我自然没看见。此刻该是我的休息时间，我完全可以无视你，但我没有。你这么跟我说话我不计较，但在社会上，没人会惯着你！"

说完，我便关了手机，这种人以后休想从我嘴里抠出一个字。

时隔一个月，这位学妹又想到了我，给我发了好多道歉的话，希望我可以原谅她，让我帮她投稿。但我清楚，这种人不是真心悔改，她并不知道自己错在哪里，以后遇到同样的问题，她还是会伤害到其他人，为此我便没有理她。

鲁迅说过："生命是以时间为单位的，浪费别人的时间等于谋财害命；浪费自己的时间，等于慢性自杀。"我不会允许别人谋杀我，也不想让自己慢性自杀。

-3-

生活中我们总是会遇到这样的人，认为自己的时间宝贵，却视别人的时间如粪土。

他们会不分时间、地点来麻烦你、打扰你、压榨你，仿佛你的时间就是大风刮过来的。如果你的做法稍不如他们的意，就会被扣上没同情心、自私、耍大牌等帽子，而你给他们的帮助，则被他们忘得一干二净。

我们可以试想一下，如果这个世界所有人都不懂得尊重别人的时间，理解别人的苦衷，还不知感谢，这个世界上可能将再无“帮助”一词。等你真的需要帮助了，你将会看到一个个匆匆而过的背影，因为你曾经的所作所为，已经伤了对方的心，会让大家觉得耗费自己的时间帮你，并不值得。如此宝贵的时间，为什么要花在一个不值得的人身上？那时的你，已经失去了大家的信任和同情。

朋友，以后我可能会拒绝你的请求，我会对你说“不”，我会很晚才回你的信息。因为，时间宝贵，不单是你的时间，还有我的。

你的成功与过去无关

-1-

一个学妹加我微信，一看她头像我愣了。从像素极低的照片里，我模模糊糊地看到她头像最下面有一排字：第二届青少年才艺大赛初中组金奖获得者。

“有意思。”我在心里想，“能把自己初中得奖照片当头像，她是得多珍惜这份荣誉？”

我从她的头像上看出了四点信息：

第一，她生活了二十多年，最好的成绩还在初中；第二，她自初中后便没有更大的进步；第三，她沉浸在过去的成绩里，不能把目光放远，向前看；第四，她有点虚荣。

后来我通过了她的微信，想看看她找我有什么事。

原来她听说我现在负责学校的校刊，想要投稿，便要来了我的微信号。

“学姐，我小时候参加过小记者的培训。”

“学姐，我小学的时候文章在学校里获过奖。”

“学姐，我初中编写过班刊。”

“学姐……”

“你发一篇稿子给我看看。”我及时打住了她的话头，看着屏幕里那一串“我小学”“我初中”，我真不知如何应对。相比于她小学、初中的“辉煌战绩”，我对她大学之后的水平更感兴趣。

过去很重要，但不是最重要的。

对这位学妹而言，她认为过去是加分项，可以提升自身的“武力值”，但对于大多数人而言，那只是你的过去，代表了你曾经的辉煌。我们面对的是现在的你，更希望看到你现在的能力。过去，你是辉煌，还是落寞，交由时间评说。但此刻，你有几斤几两，要由你自己决定。同时，你展现给别人的成绩，决定了你的水平。

古时蛮夷之地猎人打猎，喜欢把猎物的牙齿挂在胸前，证明自己的实力。我们可以想象一下，在一个部落，有的人胸前挂的是老虎的牙齿，有的人胸前挂的是野猪的牙齿，有的人胸前挂的是棕熊的牙齿，突然冒出一个人，胸前挂着他八岁时打败鬣狗并从它嘴里拔下的牙齿，固然那时的他可以洋洋得意，但时隔这么久，你再拿出来显摆，会不会显得太没本事了？

就像那位学妹，她把初中得金奖的照片当头像，证明这是她目前为止最在意、最重视的成就。假如学妹现在还是初中生，这无可厚非，这份荣誉就是她最值得炫耀的资本。然而，时隔三五载，她炫耀的资本还停留在初中，已经上大学的她会不会脸颊发红？我们是不是可以认为，她现在的能力依旧停留在初中阶段。如此，她的炫耀反倒会变成别人的笑柄。

再辉煌的过去，也只是你人生的一个节点。不到最后，谁也不敢说自己已经冲过终点。你的成功与过去无关，重要的是你现在走了多远。

-2-

我认识一位品学兼优的学长，数学专业，字写得极好，当选过文化艺术馆的助理导师，在学校办过个人书法展。专业课门门不落，每年最高奖学金他都榜上有名。他还代表学校参加过不少专业比赛，屡获佳绩。他是老师眼里的得意门生，也是所有同学心中的偶像榜样。

校报曾打算采访他，给他做一版人物专访。结果负责采访的小姑娘突然打电话来跟我说：“姐，学长太低调了，根本不给我采访他的机会……”

后来我再次遇到学长，提及此事，他告诉我："过去取得的一些成绩，只是我努力之后的一个证明，并没有什么值得炫耀的。我不是天才，也没有多厉害，我只是潜心在做自己喜欢的事。我对自己目前的能力并不是很满意，所取得的一些小成绩实在不值一提，说出来我恐怕会脸红。"

看待过去的成绩不沉湎、不骄傲、不忘形，只把它们当作自己前行路上的一个标记。我想，这样的人才更容易成功。

不拘泥于过去，是迎接未来最好的方式。有时候，我们需要有一种归零的能力。把过去归零，把荣誉归零，把所有成绩归零，以一颗赤子之心去迎接新的挑战。

-3-

把过去的成绩挂在嘴边只能说明一个问题：你现在一事无成。

我从大一起，就给自己制作了一张简历，把自己取得的成绩都写在上面。在大一时，我写的是在校报发表了什么，在大二时变成了在某杂志编辑部实习，大三时成了签约作者，并出了本合著，大四的我，又添了一笔——出版个人作品集。而且在这个过程中，我发现自己要写的内容太多，就会有意地删减，把一些曾经的荣誉删掉。因为和现在的成绩相比，当初的那些简直不值一提，说出来反倒拉低了我的水平。

打个比方：一群人发现一处宝藏，有的人看见什么拿什么，但最后总价值并不高；有的人只拿一样最值钱的，却抵得上其他宝物的总价值。你认为是多拿的那个有能力，还是只拿最值钱的那个有能力？答案自见分晓。

因此，当你在展示自己的成绩时，千万不要“饥不择食”，有什么就显摆什么。你展示的成绩，很有可能暴露你的真实水平。

抛开过去，忘记你曾经的成绩，你的成功不能只限于过去。

你的目光放在哪里，你的水平就定在哪里。你一味沉迷于小学、初中的那点成绩，你的水平就只能限于小学、初中；你的目光放在现在或未来，那你的水平也会比以前有质的提升。

朋友，你的成功与过去无关。想成功，就忘掉过去，从现在开始，努力向前。

远离身边的“垃圾友”

-1-

有一种人，喜欢散播负面情绪且无处不在，总会在不经意间给你泼一盆冷水，而你却无法逃避。这种人，我叫他“垃圾友”。

小邱是我在大学认识的一位学妹，不喜多言，性格极好。

一次她和朋友出去逛街，她看上了一条裙子，就拿到试衣间试了试，但效果并不好。就在小邱准备换下来时，身后传来她朋友的大嗓门:“你腿这么粗，穿什么裙子嘛。”

顿时，周围顾客不由自主停下了脚步，顺着声音看向了小邱。小邱的脸顿时通红，只能尴尬地笑笑，默默退回到试衣间，把那条裙子换了下来。

无论小邱穿什么衣服，那位朋友总会挑出一两个毛病，不是肩太窄，就是腰太宽，搞得小邱兴趣全无，原本买衣服的计划也取消了。

不管小邱做什么，这位朋友都要对小邱评头论足一番。

学校办一场讲座，要求小邱写一份详细的计划，为了这个计划，小邱连续三晚挑灯夜战，结果这位朋友知道了，说了句："你傻吗？那么拼命干吗，谁看你这个？"

那一刻，小邱特想说一个字："滚！"

小邱办活动，她说这活动来不了几个人；小邱在学校的辩论赛中第一个出场，她说第一个出场的人输得最惨；小邱遇到困难倾诉几句，她说谁让你揽这个烂摊子……

小邱说，和这位朋友相处很难过，只要她在，就少不了对小邱的各种"攻击"。小邱知道，她也是有口无心，但这种"有口无心"多了，也会给小邱造成压力。如今的小邱，都不敢跟她聊天，生怕再次被"伤害"。

有人总是拿有口无心为自己开脱，似乎只要我告诉你，我没心没肺、口无遮拦，我就可以肆无忌惮地在你的伤口上撒盐，你就要容忍我所有语言上的攻击。如果你做不到，你就是小肚鸡肠。

你以为你是上帝吗，你说什么就是什么？还是你以为我们是上帝，你说什么我们都要宽容？

你要记得，在"宽以待人"的前面还有一条，叫"严以律己"。

我们可以包容你的没心没肺，这是出于对你的理解和尊重；同理，你在知道自己的毛病后努力改正，也是你对待其他朋友最起码的礼节和友善。将心比心，你让我们理解你的有口无心，那么也请你理解一下我们反复受到打击时的心情。

朋友如天平的两端，需要相互妥协才能平衡。任何一方太过自我，都会导致天平失衡。

-2-

真正的友谊，是相濡以沫的理解，是润物细无声的扶持。如梁实秋的《送行》所言："你走，我不送你。你来，无论多大风多大雨，我要去接你。"

好的朋友懂得体谅你的心情，而不是一味给你制造压力。他们会在你困难时予以你鼓励，在你游移时予以你支持，在你脆弱时予以你温暖。

他们不会充当马后炮或是那个站着说话不腰疼的人，只知道站在制高点对你指指点点，而不顾你的感受。

有人可能会说，古人讲"善交益友，乐交诤友，不交损友"，所谓的"垃圾友"不就是在履行"诤友"的职责吗？

"垃圾友"和"诤友"是有区别的。

"诤友"这个词，最早出于《孝经》："士有诤友，则身不离於令名。”而《孝经注疏》对“诤友”有进一步的解释：“益者三友，言受忠告，故不失其善名。”

说白了，“诤友”就是能直言规劝你的朋友。

何为直言规劝，就是在你犯错误时，能够及时制止，不顾一切也要防止你受到更大的伤害。这样的朋友重心在你身上，他们不会为了鸡毛蒜皮的事跟你过不去，只有在涉及你个人利益时，才会站出来，告诉你：“朋友，你这样做很危险。”

而“垃圾友”是在你犯错时无动于衷，当你尝到苦头时，再跳出来给你浇一盆冷水，而且无论大事小事都要指手画脚。这样的朋友，重心在他自己，只为图一时嘴快，根本不会考虑你的感受。

著名画家黄永玉曾写给曹禺一封信，表达自己对曹禺后期作品的失望。其中一句“我不对你说老实话，就不配你给予我的友谊”，振聋发聩。

何为诤友，这才是。黄永玉不会管曹禺今天饭吃得好不好，明天衣穿得美不美，这些都不重要。但当曹禺的作品出现了问题，他第一个站了出来，他为了曹禺好，他要“说老实话”。

而“垃圾友”除了不断给你施加压力，增添你的负面情绪，什么作用也起不了。

-3-

“垃圾友”之所以会给你倒很多“垃圾”，是因为其自身的负面情绪已超出负荷。他们背着满满的消极情绪无处释放，身边的朋友就成了他们发泄的第一对象。

就拿小邱的那位朋友来说，这位朋友在生活中就是一个戾气极重的人，总有抱怨不完的问题，而且思想偏激，凡事都爱往坏处想。

小邱和她在一起，总会看到她对一些鸡毛蒜皮的事追着不放，别人一个眼神、一句话，在小邱朋友眼里都会被放大，揣摩对方是不是对自己有意见。

这样的人，自己尚且负能量满身，又如何奢求她能带给别人快乐？

判断是不是“垃圾友”，只要看他平日里的言行举止就可以。

益友在日常生活中是积极的，他们热情、善良、乐观向上，看待任何事物都怀着一颗感恩的心；而“垃圾友”则喜欢抱怨，做事偏激、思想悲观，总是一副所有人都想害他的样子。

爱因斯坦说过：“世间最美好的东西，莫过于有几个头脑和心地都很正直的朋友。”好朋友如良药，能纠正你的错误，帮助你更好成长；而“垃圾友”如毒药，只能加重你的阴影，给你本就受伤的心灵再添一刀。

不要再继续容忍那些“垃圾友”，你的容忍只会让他们更加肆无忌惮。拒绝“垃圾友”向你倾倒“垃圾”，是保护自己，也是让他们认清自己这种行为的可恨之处，以免祸害他人。

别舍不得跟这样的朋友说再见。费尔巴哈有句话：“友谊是美德之手段，并且本身就是美德，是共同的美德。”然而“垃圾友”与美德丝毫沾不上边，你没必要为了一段毫无质量的友谊继续费尽心神，就像你没必要为了一盘鸡肋而放弃整桌的盛宴。

如果他能意识到自己的错误，我们欢迎；如果一意孤行，麻烦离开。

好的友谊如纯酿，坏的友谊如糟粕。我们应该把自己的热情投入高质量的友谊里，而不是浪费在“垃圾友”身上。

朋友，珍爱生命，远离“垃圾友”。

永远要记得，这个世界你最珍贵

-1-

你遇事不愿麻烦别人，对于别人的要求却有求必应。你有苦难言、有气难出，别人做得再过分你也只是打掉牙和血吞。你说你要做自己世界的王者，却把别人送上了神坛。

说得简单点，别人在努力活成贵族，你却在处处做奴隶。

茜茜就是这样一个人。

她是我邻居家的女儿，人长得文静漂亮，说起话来乖乖巧巧，长辈们总是说："茜茜妈好福气，你看茜茜这么懂事，不枉你一个人含辛茹苦把她拉扯大。"每当听到这些话的时候，茜茜总是抿着嘴淡淡地笑一下，一言不发。

周围人都认为茜茜很懂事，只有我知道她活得很憋屈。当时我家刚搬到乳山，是威海市下的一座小城。茜茜是第一个和我打招呼的姑娘，也许是作为整个小区唯一的年龄相仿的人，我们俩总是有说不完的话，我也能看到这个姑娘文静外表下的另一面。

茜茜的爸妈在她很小的时候就离婚了，她跟着母亲，父亲除了每个月给些生活费再也没露过面。后来茜茜听说父亲再婚了，还有了一个儿子，为此茜茜伤心了好久。

那时的茜茜还在上小学，她常见到母亲长吁短叹，周围邻居总是传流言蜚语。有一次，茜茜听见隔壁张奶奶说她妈妈是被抛弃的，便冲过去，差点把老太太推了个跟头。茜茜妈妈恰好看见了，当时就把茜茜揪回了家，狠狠给了她一巴掌，怒气冲冲地说："我已经这么苦了，你就不能给我省点心啊！"这句话从此被刻在了茜茜心里。她不知道母亲为何会如此生气，但她明白自己要做个懂事听话的孩子。

在后来的十几年里，她与母亲辗转多城、相依为命，没有固定的朋友，也没有什么可以投靠的亲戚，她知道母亲不容易，就不想给母亲添堵。在学校被同学欺负，衣服破了，就说是自己摔倒的；老师戴有色眼镜看她，她就自己努力把功课学好。二十年来，她没过过生日，也收不到礼物，过年连新衣服都没有，尽管心里难受，可她从没有怨言。

茜茜说，她把所有的想法都埋在了心里，大人们说她懂事，但她厌恶极了这种夸奖。她说将来一定要做一个可以把自己想法说出来的人，但可怕的是，她发现自己越来越喜欢听从别人的意见，把自己的感受屏蔽掉已经成了一种习惯。

更可怕的是，她变成了一个极易被打动的人。在茜茜刚上大一时，有一个男生送了她一个发卡，那个发卡很简单，就是那种在两元超市里买的，但这是茜茜收到的第一份礼物。于是，那个男生就用两元的发卡把茜茜追到手了。

男生会陪茜茜散步，跟茜茜说早安、晚安，一起到食堂吃饭，茜茜当时感觉自己就像是掉在蜜罐里，以前没有人对她这么好过。

后来男生和茜茜分手，她才知道，他在追自己的同时还在追其他人，只是她更容易被感动而已。

有时候，决定你的价值的正是你对自己的态度。

这里不是让你嫌贫爱富，而是要让你形成一种意识——你值得拥有更好的东西。

-2-

我有一位同学，毕业时打算把自己攒了四年的书都卖掉，其中有自己买的，也有其他人送的。我当时问他："别人送的书你也要卖吗？"

他平淡地说："不是每一个人的馈赠都要珍惜，有的人送你礼物是礼轻情意重，有的人只是不喜欢或是不想要了，便转手扔给了你。”

想来也是，有些馈赠是我之蜜糖，彼之糟糠，得到的人感动得热泪盈眶，而对方也许只是随手甩给你，他自己送没送过这样的东西，都未必记得清楚。

我们感恩一切真心实意的馈赠，鄙视那些随随便便的敷衍。你可以千里送鹅毛，但并不代表我们只配得上鹅毛。我可以把一个易拉罐环当戒指，但我也有追求迪奥、普拉达的权利。

因为，这个世界我最珍贵。

我最珍贵，不是浅薄无知的自高自大，也不是毫无根据的自吹自擂。当我呱呱坠地时，当我被我的父母无微不至地关怀时，当我遇到挫折全力拼搏时，当我落入低谷还不向命运低头时，当我经历了繁华与苍凉的洗礼变成今天的我时，你又凭什么随意敷衍我？

真不敢想象，那些以为跟女孩说几句甜言蜜语就可以追到女孩的男生，你们的自信是哪里来的？

不过，换一种思维，如果真的有女生落入了这种廉价的圈套，说明女生既没有看清男生的无耻，也没有认识到自己的无知。

我有一个很坚强、很努力的朋友，从她身上我可以看到一个女性应有的独立和自信。她的家庭条件不是很好，刚上大学时，她的衣服都是从批发市场淘的几十块钱的地摊货，到毕业时她已经可以随意出入高档专柜，买几千元的衣服鞋帽都不在话下。她的转变没有依靠任何人，都是自己一步一步打拼至今。

我见过她挑灯夜战，也看见过她被人误解排挤、暗讽嘲笑，她的每一个脚印都浸着血和泪。时至今日，她化茧成蝶，仰慕她的人蜂拥而至。

有的人劝她，在这些追求者里选一个交往看看，但都被她果断拒绝："他们喜欢的不是我，只是我身上的光环。况且我可以买一套圣罗兰不手软，他们又能给我什么呢？不是我物质，只是我几经磨砺走到今天，随便让一个人'坐享其成'实在对不起我自己。"

她说得没错，你想拥有美好的东西，就要有这个实力，否则你凭什么得到？

姑娘，别把你自己搞得太廉价，你值得拥有最好的东西。跟那些敷衍你的人说再见，你的价值他们不配拥有。

-3-

不过，你有了"这个世界我最珍贵"的意识还不够，你还要有能说出这句话的资本。就像前面我的那位朋友，她可以很骄傲地拒绝追求者，就是因为她有这个资本。

什么是资本？就是让自己拥有别人拿不走的东西。比如，有的女生博古通今、出口成章，这就是她的资本；有的女生能歌善舞、婀娜多姿，这也是她的资本；有的女生头脑灵活、能言善辩，这也是她的资本。

女孩子一定要有一技之长，这是你提高自我价值的基础，也是你保护自己的砝码。

同学这样说不无道理。

女生要想得到别人的爱，首先要自爱。你有多爱你自己，别人才会多爱你。你对自己的态度就是一个标尺，让其他人明白，要想“hold住”你，就要和这个标尺的要求一样，甚至超过它。

姑娘，请永远记住：这个世界，你最珍贵！

你才二十几岁，怎么敢说自己老

-1-

前几天翻微信朋友圈，看到这样一条状态：“朋友说，老了的表现就是明明想说很多东西，却在发状态的时候，输入、删除，输入、删除，最后留下简单的字句。”发这条状态的人，比我大不了几岁，而我今年刚二十出头。忽然想到，我上一次不想在朋友圈说太多话，完全是因为自己没时间，而她却步入了“老”的行列。

想我不久前在学校里遇到的一位学弟，还“恬不知耻”地叫人家“哥”，此刻我就尴尬了。

不知从什么时候开始，“老”变成了一种流行。恰如辛弃疾那句“少年不知愁滋味，为赋新诗强说愁”。

初秋开学，又是一年迎新季，素面朝天、满脸胶原蛋白的学弟、学妹涌入校园，这时总会听到有人跟你感叹："你瞧瞧我又老了一岁。""唉，我成了校园里最老的人了。"

晴晴就是其中一个。

晴晴的年龄其实没有多大，也不知哪里来的感时伤春情怀，总是会强调自己年纪大了，很多事情都不能做了。大家叫她滑冰，她说那样的运动太剧烈，不适合她；带她去游乐场，她说那是小孩子玩的，她这个年纪的人怎么能够玩；动漫就更不用说了，几个朋友七嘴八舌地讨论，晴晴在一旁冷嘲热讽，说我们太幼稚。

我们问她："你认为什么事才是这个年龄该做的呢？"

晴晴想了许久，什么也没有说出来。似乎除了感叹自己老了和鄙视一些所谓的"幼稚"行为，她就没有做过其他的事情。

孔子讲："吾十有五至于学，三十而立，四十而不惑，五十而知天命，六十而耳顺，七十而从心所欲，不逾矩。"

在圣人的眼里，三十才是实现人生价值的开始，直至七十岁才敢说自己可以看透世事，学有所成。我们刚刚二十出头，莫说做不到"随心所欲，不逾矩"，连"而立"也未到，又怎么敢说自己"老"呢？

与其浪费时间感叹岁月蹉跎，还不如把精力用在对你自己的投资上。那些过得很充实的人，他们在忙着让自己变得更加优秀，生怕错过每一个提高自己的机会，担心时间走得太急，开足马力向前奔跑，怎么敢轻易谈“老”呢？

-2-

生命在于运动，你的四肢越用越活，精神也是一样。当你有了追求，有了目标，你的眼睛将会焕发光彩，你的大脑将会快速运转，你的精神将会焕发活力。这样的人，不会说自己老，因为有太多的事情要去做，年轻还来不及，谁会想到老？

有的年轻人，由于缺少面对生活的勇气，所以经常以“自己老了”作为借口。

我以前有一个同学，上课她记错时间，说自己“老了”，记性不好；跑步脚崴了，说自己“老胳膊老腿”；聊天时总是走神，她说是“老年痴呆”的前兆。

听她说话会感到很好笑，二十几岁的年纪哪来的“老年痴呆”？不过都是害怕承担责任的借口。记错时间，是因为她没把上课这件事放在心上，跑步崴脚是因为她平时不锻炼，聊天走神说明她心思没有放在谈话上，这和“老“没有任何关系。

他们把“老”当作自己的保护罩，把所有的错误都推给“自己老了”，似乎这样错误就和自己没关系了。

拿“老”当幌子逃避现实的人，不过是自欺欺人。

“老”意味着什么？意味着落寞、颓败、衰退。没有一个成功或渴望成功的人会把“老”当作标签一样贴在自己身上。

“老”是一种心理暗示，当你不断地感叹“我自己是不是老了”时，你会形成一种“我老了”的意识，让自己不自觉地向衰退的方向迈进。成功需要百折不挠的斗志、直挂云帆的豪情、舍我其谁的勇气，你一副病恹恹的样子，怎么可能成功呢？

有的人以为谈“老”显得成熟，实则不然。就像成熟的谷子不会高昂着头颅，那些社会阅历颇深、事业有成的人，也不会把成熟表现出来。

你想成功，就要去实践，我未见过哪个长吁短叹的人取得了成功。

-3-

我在大学兼职期间，曾随团队拜访了一位桃李满天下的古稀老人。老人家在大学教书，精神矍铄，虽然两鬓斑白、步态蹒跚，但说起话来精气神十足。

老人有一个很大的特点，不许别人说他老。他说：“这个世界有那么多事情等着我去学习、去探索，怎么能够老呀，我不认为我老了，我好得很。”

每天，老人都会定点起床，吃了饭，出去遛个弯儿，就开始一天的学习生活。遇到要上课的时候，就拎着一个手提袋，装好教案往学校走。虽然学校离老人的家不远，但家人不放心老爷子，总要跟着他。他便不开心地说："跟什么跟，我又没老，你们忙你们的去。"

到了教学楼，有学生在楼下接他，老人摆摆手，抬腿一口气上了五楼，旁边的学生看得目瞪口呆。

老人常说："人活着，就是活一个精气神。我最讨厌那些动不动就唉声叹气的年轻人了，没多大年龄，看着比我还老。"

看着老人的生活状态，再反观现在一些二十出头的年轻人，我们还有什么理由说自己"老"了呢？

年轻意味着成长，年老代表着结束。成长的人一切皆有可能，你可以去挑战这个变化多端的世界，也可以尝试无人涉足的领域，年轻就是你的资本。

未能看过繁华世界、体味辛酸苦辣的人，没有权利谈论一生。你还未曾感受鲜花与掌声，怎敢先感叹时光匆匆？

年龄的衰老不可怕，可怕的是你的精神未老先衰。不要总是把"老"挂在嘴边，动不动就在微信朋友圈里感时伤春。二十几岁，正是意气风发的时候，希望你时刻保持努力拼搏的状态，为自己打造一个美好的未来。

你怎么过一天，就怎么过一生

-1-

悠悠是我一位准备考研的同学，在她身上，我却看不出一丝一毫要考研的样子。她总是说："离考研还早呢，不着急。我先追部剧。""没事，玩一天没什么的，明天再学。"她学习的行动永远在明天。

直到前不久，悠悠终于要学习了。前一天晚上她就跟我约好，要和我一起去图书馆，还要我监督她。我很高兴，便答应了她。谁知道第二天早上，她早早醒来，就躺在床上看手机。她说这部剧更新不容易，而且情节很好。任我怎么催促，她都无动于衷。看完剧还要化妆、挑衣服，磨磨蹭蹭，到图书馆已经上午十点。以往，这个时间我一篇稿子都写完了，为了等她一字没动。

与悠悠相反的是小孟。

开学之后，小孟就给自己制订了严格的计划。每天要完成什么任务，要做什么事都写得明明白白。尽管她也有玩的冲动，但想想自己的目标，就忍了下来，埋头在图书馆。

半年之后，两人的结局可想而知。小孟如愿考上自己梦想中的大学，悠悠却名落孙山。

悠悠和小孟自身条件差不多，而一个成功一个失败，就在于她们度过每一天的方式不同。

小时候老师经常让我们背保尔·柯察金的经典台词：不因虚度年华而悔恨，不因碌碌无为而羞耻。然而我们大多数人都是“走嘴不走心”，除了应付老师每天的检查和考试，没有谁真的在意过这句话。

因此，当人生中那些重要的事情到来时，我们却没提前做好准备，最终留下了遗憾。

你怎么过一天，就怎么过一生。一天看不出差距，但日积月累，差距会越来越明显。渐渐地，你就会被别人甩到千里之外，你的一生，也会因此被定格。

-2-

决定人成败的往往是细节。一天不算什么，但日积月累下来就是一个庞大的数字。别小瞧每天的努力，水滴可穿石，绳锯可断木，你的未来就掩藏在每一天的生活方式里。

大家都知道康德生活得井井有条。德国《世界报》的一篇文章介绍说："康德的生活十分有规律，他每天早上五点准时起床，喝一杯茶，吸一袋烟。他每天都邀请各界朋友一起讨论政治和哲学……康德生活中的每一项活动，如起床、喝茶、写作、讲学、进餐、散步，都是在固定的时间完成的，如每天下午三点是他散步的时间，风雨无阻。"据说，哥尼斯堡人常常按照歌德的作息校对自己的时间是否准确。

就是这样一个严格要求自己每一天生活的人，成了德国著名的哲学家、天文学家，开创了德国的古典哲学。他也被认为是对现代欧洲最具影响力的思想家之一，也是启蒙运动最后一位主要哲学家和集大成者。

看一个人是否有出息，看他一天的生活状态就知道了。如果一个人每一天都过得庸庸碌碌，除了吃饭、睡觉、打游戏再无其他，这样的人，你很难指望他有什么大成就；如果一个人每天都严格要求自己，把自己的生活安排得充实而有意义，这样的人不成功都难。

我认识的一位小姐姐，过年时家里人安排她相亲，介绍人把对方夸得天花乱坠，小姐姐只问了一句话："他平时在家里都做些什么？"

这把介绍人问住了，以前还没有人问这么奇怪的问题。后来小姐姐和男方见面，聊起平常的生活，她发现这个男的讲的不是游戏就是平常和朋友在一起吃喝玩乐的事，与工作、学习、读书这些事根本不搭边。

后来，小姐姐再也没有联系过这个男的。

家里人感觉这个男生长得高大帅气，家境也和小姐姐家旗鼓相当，为什么小姐姐就没看上呢？

小姐姐说："长得再帅也不能当饭吃，家里再有钱，不能做到合理安排自己的生活，不断提高自我，钱也会被败光。我要嫁的是一个有发展潜力的人，不是一个扶不起的阿斗。"

见微知著，一个人这一天什么样，可能他这辈子也会是这个样子。不排除有的人因为遇到某些事而幡然醒悟，但这样的可能性太小。

命运掌握在自己手中，与其强迫别人相信你是"明日之星"，不如从现在开始，做给他们看，用行动告诉他们，即使你现在没有成功，但至少你有成功的潜质。

-3-

要如何过好这一天呢？

首先，你需要有个明确的目标。

目标就像航海时的灯塔，有了明确的方向才能乘风破浪，否则就是无头苍蝇，费力却讨不到好。

你可以根据自己目前的状态，或是未来的发展方向，找一个适合自己发展的目标。这个目标未必要多么大，但要切实可行。比如说，有人要一年之内拿下雅思，这对于一个有英语基础的人来说不是问题，但如果这个人是个连ABC都不认识的人，那这个目标就可能有些不切实际，不如让他先把基础知识学好。

美国首屈一指的个人成长权威博恩·崔西曾说过："要达成伟大的成就，最重要的秘诀在于确定你的目标，然后开始干，采取行动，朝着目标前进。"给自己定个目标，让自己的每一天向着这个目标迈进，让自己的生活变得充实而有意义。

其次，要做一个明确的规划。

无论你是从事什么职业，擅长什么工作，有什么打算，都要给自己制订一个规划。这个规划不一定要像歌德那般定时定点，但一定要明确自己每一天的任务。比如，每天看几小时的书，背多少个单词，做什么运动，等等。

除了每天的计划，最好还有周计划、月计划和年计划。时间跨度越长，你的目标就可能写得越宏观。比如日计划你写每天背几个单词、做几道题，年计划就是拿下雅思。这样便于你检验自己的计划有没有实现。

最后，要行动！行动！行动！

重要的事情说三遍。你的目标再美好、计划再明确，如果只是思想的巨人，行动的矮子，也会功亏一篑。

千里之行，始于足下。“蜀之鄙，有二僧”的故事我们都知道，富僧虽富，但不把目标付诸实践；穷僧虽穷，但最终一步一脚印，到达了南海。最终能不能成功，与你的财富、地位无关，重点在于你是否肯去做。

光说不练假把式，或许你读完这篇文章心潮澎湃、热血沸腾，决心一雪前耻，但一觉过后还是我行我素，那这篇文章你不如不读。

一个人什么样，就看他这一天什么样；他这一天什么样，这一生就是什么样。不要小看一天的时间，一天是一生的缩影，你连一天都管不好，又怎么管一生？

第六章

世界不会亏待每个敢想敢拼的人

只有慢慢地走，幸福才能快快地来

-1-

生活如品茶，慢慢品味，才能品出它的滋味。

懂得喝茶的人总会浅斟慢饮，让每一口茶水从唇齿流到肠胃，让茶水的清香荡漾全身，这样才不辜负喝茶带来的美妙意境。

可是，我们在生活中被名利裹挟，不得不争先恐后、行色匆匆，很少有悠然自得的时候。

早晨上班，如果来不及吃早饭，干脆就不吃了。女生们穿着高跟鞋赶公交车，走起路来就像是在参加竞走运动。

到了公司，我们恨不得有十几个分身，似乎抢到的时间越多，就可以赚到越多的钱。

我们希望快点升职，快点加薪，快点购车，快点付房子的首付，快点，快点，再快点……

可是，你的身体也许无法支撑你总是处于快速奔忙的状态。如果一纸诊断书出来，医生告诉你，你时日无多时，你还想让自己再快点吗？

我在某公司实习的时候，听一位前辈说："人这辈子一定要对自己好一点，别一门心思往前赶，不然等你想享受生活时，可能就晚了。"

前辈这样说，是因为他曾亲眼看着一位同事从生龙活虎的职场强人变成病入膏肓的将死之人。

前辈的同事临终时说："我要是还能再多活几年，就多陪陪老婆和孩子，带着爸妈去旅游。现在一想啊，我这辈子除了拼命赚钱，啥也没干，用命换的钱，最后也搭在我这病上了。"

走得太快，最后却舍不得离开这美丽的人间，可惜时间无法倒转，他唯一能做的，就是告诫别人莫要步他的后尘。

但是，很多人并不自知，他们仍然拼命追赶着名利，过度消耗着自己的精力，看不到前方等待他们的恶果。

-2-

该吃饭的时候吃饭，该睡觉的时候睡觉，不要等到身体"亮红灯"时，才悔不当初。

从二十几岁到三十几岁再到四十几岁……随着年龄渐长，你会发现时光短暂，有太多事情来不及做，只想着日子能慢点。

日子经不起催促，你催它，它会反过来催你老去。

年轻时种下的病根，等老了就都出现了，今天治好了胃病，明天颈椎又出了问题，再过几天血压又升上去了，并不像人们说的那样“等老了赚够钱就好了”。

年轻时辛苦赚钱，年老时辛苦养病。

这就是我们拼命追赶时间的后果。

最近一年，总能听到熟人生病住院的消息。

小黎前段时间做了白内障手术，医生说这是她过度用眼所致。

小黎是室内设计师，一天有十个小时在作图，四个小时在开会、见客户，三个小时在上下班的路上，剩下的七个小时才能吃饭、休息。

现在的小黎，由于视力上有严重的问题，已经不再适合做设计工作了，这令她痛悔。

我的一个高中女同学，比小黎更悲惨。那个当年活蹦乱跳，天天和我一起上学、一起玩耍的女孩，才二十五六岁，就因为不幸患了癌症，突然撒手人寰。

听到这位同学去世的噩耗时，我根本不敢相信。我以为大家在逗我，于是找到这位同学的微信号，留言说：“刚刚有人竟然说你没了，你说可笑不可笑？”

可是，这位同学再也没有回复我。

当我不得不接受同学去世的事实时，我真希望可以回到从前，让时光慢一点，再慢一点，我不会跟她闹别扭，也不会再抢她的零食，我会认真地感受和她相处的每一天，珍惜和她相处的时光。

-3-

慢一点，才能不丢掉自己。

前几天，好朋友潇潇离职了。

潇潇说:“我每天早上七点起床，晚上十一点下班。工作三年，我从未安安稳稳地坐下来吃过一顿饭，从未睡过一个好觉。我问自己这是为了什么，为了更好的生活吗？可是我已经没有了生活。

“我每天把时间抓得越紧，就觉得生命消耗得越快。我怕有一天自己会猝死在工作岗位上，那得多悲惨啊！我还没有去我最想去的大堡礁潜过水，我最喜欢的烹饪也没有好好学，我还没有带爸爸妈妈出国看看……

“我想让时间慢一些，可是周围的人一直在催促我往前跑。钱可以再赚，但是时间不会回来。我之所以离职，是因为我想把以前没做的事都做了，这样我就可以在年老时跟自己说一句‘我没什么遗憾了’。”

木心写过一首《从前慢》，里面有这样几句：

从前的日色变得慢

车，马，邮件都慢

一生只够爱一个人

那感觉多好，慢慢地看一朵花绽放，看一棵树抽芽，慢慢地看水波不兴，看云卷云舒。

慢下来，才是通往幸福的方式。

从今天起，看着朝阳升起，等着夕阳落下，和这个世间的每一种美好把酒言欢，别等到来不及再后悔。

你只有慢慢地走，幸福才能快快地来。

干净，是一个人最美好的样子

-1-

目光干净的人，看到的风景都是秀丽的；心灵干净的人，遇见的人都是友善的。

我认为，干净是一个人最美好的样子。

美丽的人，不一定要穿金戴银，但一定是干净的。

安然原本有一个幸福的家庭，但因为做生意失败，家庭状况一落千丈。丈夫不堪重负，和安然离了婚。

安然的亲戚们也对她敬而远之，似乎生怕沾到她家的晦气。

有很长一段时间，安然独自生活在一间不到20平方米的出租房里。出租房在一楼，很少有阳光能照进来，一遇到下雨天，屋内更是阴冷潮湿。

潮湿的地方难免会生出鼠妇一类的潮虫。安然原先最怕这类长着很多胸肢的虫子，但是现在她会用抹布把这些虫子一个一个抓起来丢到外面。

房间里的家具虽然老旧，但总被安然擦拭得一尘不染。

她只要外出见人，永远都是化着淡妆，穿着干干净净的衣服。

别人不理解，她已经困苦如此，为什么还有心情收拾打扮？

她说："因为这才是人活着的样子。"

无论经历了什么，安然都会梳着整齐的头发，穿着素净的衣服，不怨天不尤人，静静地做着自己想做的事情。一点点积累实力，一点点从头再来。

如今，安然已经离开了那间阴暗狭窄的出租房，有了自己的新家，有了新的爱人。你再看她时，她依旧静静地坐着，一身素净，不骄不躁，让人觉得没有什么坎是过不去的。

老舍说过："真正美丽的人是不多施脂粉，不乱穿衣服。"

一个真正美丽的人，不会盲目追求奢侈品，不会盲目攀比，他们永远都在静静地做自己，让生活一尘不染。

-2-

真正的干净，不仅仅是仪表的干净，还有心灵的干净。

我们刚来到这个世界时，就像一个开始旅行的行者，轻装简行，没有任何负担，但随着走的路多了，接触的人和事复杂了，我们往背包里装进欲望、贪婪、嫉妒、傲慢等污浊的东西，最终变成了我们曾经讨厌的样子。

庄子讲："至人之用心若镜，不将不迎，应而不藏，故能胜物而不伤。"

简单来说就是，道德高尚的人，心如同镜子一般，能够不加任何主观情感，客观、详尽地看待问题，所以能够达到非凡的境界。

《左传·襄公十五年》记载了这样一个故事：

宋国有一个人上山采石时，采到一块宝玉，他想拿去卖，又怕被商人坑了。想来想去，他决定把这块宝玉送给京城里的大官，一来不会被骗，二来可以结交到一位有权势的人。

于是，他便来到子罕府中，献上宝玉。

子罕感到很奇怪，便问道："我和你素不相识，你为什么要将宝玉给我？"

那人以为子罕怀疑这是一块假玉，忙说："这是一块货真价实的宝玉，价值连城，所以我才敢献给您。"

不过子罕并没有领这份情，他说："我把廉洁当作珍宝，你把这块玉当作珍宝，如果你把玉给了我，我们就都丧失了珍宝，你还是把这块玉拿回去吧。"

那人听后，干脆跪下恳求道：“我们小百姓是不敢拿着这样珍贵的东西的。”

于是，子罕便请玉匠把那块宝玉加工好，然后帮他把玉卖掉，把所得的钱全部交给那人，并派人送他回家。

后来，人们就用“不贪为宝”这个成语来形容清正廉洁的高尚品质。

在这个充满诱惑的世界上，能够干干净净度过自己一生的人，是值得钦佩的。

这种人光风霁月、坦坦荡荡，仰不愧于天，俯不怍于人。无论遇到怎样的艰难险阻、污浊黑暗，都会守住本心。

-3-

我们翻看自己的通讯录，多达几百个联系人，但多半只是点头之交，有的甚至你连他是谁都不知道。

小艾每过一段时间都会清理一次微信里的联系人，她说有时候看着那些联系人，有的加了她也不说话，她不明白这样的联系人有什么存在的意义。

有研究表明，一个人一生稳定的社交圈子有150人。不过，在这150人里，也不是每一个都可以掏心掏肺。

翻看通讯录里的联系人，我们很难找到那种遇到危险可以第一时间想到的人。留爸妈的电话，可他们离自己太远；留朋友的电话，又担心麻烦他们。

一个知心的朋友，胜过千万个泛泛之交。因此，你认识多少人根本没有意义，那些能够雪中送炭的人，才是值得你珍惜的人。

孔子讲："君子矜而不争，群而不党。"

保持一个干净的社交圈子，比你认识多少人重要得多。

干净的社交圈子，大家不会因为你的缺点而排斥你，也不会因为你的价值而巴结你。大家与你交好，是因为你值得交心。

有一位老师，年过半百，学识渊博，之前一直在电视台做访谈节目，接触的人涉及经济、文化、娱乐等多个圈子。按理说，这样的人平日里交际应酬应该不少，但实际上，他总是埋头做自己的事情，很少在工作之外和别人打交道。

他说："君子之交淡如水，我不想把自己的圈子搞得太复杂，干净点挺好。你的圈子干净了，生活也就美好了。"

给自己的圈子做减法，就是给自己的人生做加法。

志趣相投的人才能聚在一起。如果你是一个心境澄澈的人，那么你吸引来的人，也会变得通透。你的生活变得干净了，那么你的气质、样貌、谈吐等也会随之变得亲和友善。

干净，真的是一个人最美好的样子。

真正的爱情，要用心经营

-1-

表姐在一家世界五百强企业担任人事主管，每天除了焦头烂额地忙工作之外，就是被爸妈催婚。

没办法，表姐只好去相亲。但她的眼光很高，要求男方一定要有车有房，必须是硕士及以上学历，英语要好……

我不禁感叹，这哪里是在找丈夫，分明是在招聘员工啊！

表姐说，她不相信什么情投意合，觉得婚姻就应该务实一点。

后来，表姐找到了一个符合她标准的男人，两人结了婚。然而，婚后不久，她的丈夫就开始夜不归宿，让她独守空房。

表姐不由得感叹，找个人一起过日子，最重要的还是要交心，否则他和过路的旅人有什么区别？

曾经听过一个小故事：

一家培训机构为了让来自各地的学员们尽快熟悉，特意安排了一个小游戏。女学员全都闭上眼睛，男学员则每人依次说一句话，然后女学员根据男学员的声音，选出最让自己满意的那个人。其中一个女学员选了很久，最终选择了一个让自己感到温暖、柔软的声音。她睁开眼，却发现这个声音的主人是一个其貌不扬且身材略胖的男生。如果让她睁开眼选择，她认为自己一定不会选择这个男生。

最终，这个女学员和这个男生走到了一起。虽然这个男生长相一般，但他对这个女学员十分疼爱。女学员的生活因为有了这个男生而变得愈发精彩。她庆幸自己没有以貌取人，而是遵从了自己的内心。

从这个小故事中我们可以明白一个道理：感情要用心去体会，不要让外貌、财富这些外在的东西迷惑了你的双眼，毕竟鞋合不合适，只有脚知道。

那个女学员在闭上眼睛的情况下，遵从自己的心意选择了那个男生，这源自一种叫“情感共鸣”的心理效应。

情感共鸣可以帮助我们快速、准确地链接到和自己有感觉的人，它是一种心智之间的思想或情感的沟通，和距离、外貌等其他外在条件无关。

打个比方，一个人独特的声音，可以透露他内心丰富的情感、状态、性格，甚至是兴趣爱好。专业团队通过几秒的语音，就可以测评出四百种以上不同的情感状态与需求。

我们通过情感共鸣则可以判断出自己对另一个人是否有感觉，甚至可以判断出自己想不想和对方谈恋爱。

这与李商隐的那句“心有灵犀一点通”大致是一个意思。

-2-

真正的爱情，应该是单纯、自然地交往，是心与心的沟通，是让彼此感到快乐，而不是充满功利性。

诗人丁尼生说过：“爱情埋在心灵深处，并不是在双唇之间。”

在这个世界上，眼睛可能会骗人，耳朵可能会骗人，唯独心不会。想要找到可以陪你共度余生的人，问问你的心就可以了。

璐璐是我大学时的好友，人长得漂亮，还会做一手好菜，她和男友在经历了五年的爱情长跑后终成眷属。

可是婚后第二年，男方便对璐璐越来越冷淡，一个月都说不上几句话。璐璐受不了这种冷暴力，与男方协调无果后，离了婚。

事后，璐璐回忆起两人以前在一起时的点点滴滴，她突然发觉，在与男方长达五年的爱情长跑中，她一直犹豫着要不要嫁给男方，直到男方求婚，她也没有笃定。只是后来被家人三番五次地催促，她才嫁给了他。

其实，很多问题我们不是不明白，只是不愿意相信。如果你遇到一个人，不确定他适不适合自己，只需问问你的心。

这样说，你可能觉得不可思议，心怎么能如此全知全能？但这是有一定科学依据的。有研究表明，爱情是由三种既相互联系又截然不同的物质所控制的，分别是荷尔蒙、多巴胺和神经肽催产素。这三种物质可以让我们追求自己偏爱的恋人，促使两人形成稳定的配偶关系。同时，越喜欢对方，这三种物质分泌得越多。

因此，当你不确定自己是否爱一个人时，也许是你的身体在警告你——对方不是你爱的人。这时你就不要再自欺欺人了，遵从内心，才是王道。

人生是一条单行道，错过的风景不可逆，经历的故事不可逆。

余生太短，只有找到适合自己的人，才能不负此生。用心去感受，你才能找到属于自己的爱情。

千万不要忘记，真正的爱情，要用心经营。

世界不会亏待每个敢想敢拼的人

-1-

前段时间，我看了《北京女子图鉴》这部电视剧，里面有句话一直留在我的脑海里："人生到了下半场，敌人就剩下自己了。"

戚薇饰演的女主角陈可依，不甘心在小城市过一眼就能看到头的生活，于是来到北京打拼，希望能在这里过上自己想要的生活。她先后做过公司前台、外企白领、商务代理等工作，一路摸爬滚打，给观众展示了一个"北漂"姑娘真实的奋斗轨迹。

陈可依刚在北京找到工作时，对自己的事业并没有清晰的定位，一位同事指点她："你自己要什么标准，你就按照什么标准去努力。"

后来，与她在同一家公司的男朋友看她太辛苦，就劝诫她：

“女人要这么强的事业心干什么？女人欲望过强会很辛苦，我只想你每天过得开开心心的，你不明白吗？”但她不想放弃自己的梦想，她说：“前面是什么已经不重要了，重要的是我可以一直走下去。”

很多人告诉我，他们都曾到大城市闯荡过，都曾无助过，都曾小心翼翼地生怕走错一步，他们在这部电视剧里看到了自己的影子。

我对此也深有感触：其实，生活的法则很简单。你想要什么，就自己去争取。如果你连最基本的努力都做不到，就不配得到你想要的东西。

-2-

在家中排行老小的小吴，曾是个十分叛逆的孩子。由于平时不努力学习，他高考的分数不高。父亲对他恨铁不成钢，狠狠地批评了他一顿。他气不过，竟然离家出走了，从湖北老家只身去了广州。

直到父母去找他，看到父母一下子苍老了许多，他才幡然醒悟。这之后，他听从父母的建议，上了一所普通大学。

大学期间，他改掉了高中时期不努力学习的坏习惯，利用一切时间学习专业课，并积极完成老师布置的各类作业。功夫不负有心人，大二那年，他以优异的成绩被学校推荐参加全国大学生创意大赛，并取得了前五名的好成绩。

大四那年，在别人都在忙着谈恋爱时，他备考研究生，经过半年多的刻苦学习，终于被厦门大学录取。研究生毕业后，他被导师推荐进入华为总部就业，并通过努力当上了产品经理。

回望过去，小吴说："我能取得今天的成就，是因为我不想一直平庸下去。这些年来，我迷茫过，痛苦过，但我相信，只要踏踏实实地努力，就能得到自己想要的。"

就像李嘉诚说的："你想过普通的生活，就会遇到普通的挫折。你想过最好的生活，就一定会遇上最强的伤害。这世界很公平，想要最好，就一定会给你最痛。"

-3-

很多年轻人都向往诗和远方，小张也是这样的人。

小张原本是一名公交车司机，在父母眼中，他这份工作安安稳稳的，没什么不好。但小张觉得，如果生活就此固定在一条轨道上，那实在太平淡了。他不想让所谓的安稳压住内心的热血，磨平身上的棱角。于是，他开始寻找改变现状的机会。

因为家中有亲戚是室内设计出身，耳濡目染之下，小张开始自学室内设计。半年以后，他来到一家公司应聘室内设计助理，打算从基层做起。

虽然他缺少室内设计这个行业的相关经验，但这家公司的老总被他一心向上的精神打动，破例录用了他。从这之后，他认真学习，加倍努力，很快就迎来了第一个订单。不过，这对于还是新手的他来说，无疑是巨大的考验。

为了不让客户失望，他废寝忘食，将设计方案反复修改了十几次，最终获得了客户的认可。

凭着不服输的拼劲，他进步神速，就像是经过了一条黑暗的隧道，终于看到了尽头的光亮。那一年，在公司的内部竞赛中，他赢得了头奖。老总鼓励他说："年轻人只要敢拼，就能拥有属于自己的未来。"

多来年，这句话一直在小张耳边回响。如今，他已经成为同事口中的"万事通"，成为行业中的"设计大神"，而这些荣誉，源自他那颗不甘平淡的心和一往无前的拼劲。

-4-

陈经理是我在广州参加创业培训时最佩服的人，我们都亲切地叫她莎姐姐。

莎姐姐初到广州时，做的是销售工作。她是外地人，不熟悉当地客户常说的粤语，为了克服这一难题，她先是在手机上安装了一款能实时翻译粤语的软件，其后又自学粤语，几个月后就能用粤语与客户自如交谈了。

为了签下更多的订单，她白天在公司不遗余力地学习推广知识，晚上回到宿舍后对着镜子一遍遍练习说话技巧。就这样，她的业务能力不断提高，业绩也一路攀升。

机会总是留给肯努力且有准备的人。恰逢公司扩张，要在当地开几家分店，总经理把其中一个分店店长的位置留给了莎姐姐。

当然，机会与挑战通常是并存的。莎姐姐担任新店店长后，一时间陷入了缺乏人手的困境。但她打起十二分精神迎难而上，有计划地进行各种部署，招聘、培训、考核，稳扎稳打，厚积薄发。

三个月后，她带领自己的团队完成了两百万元的销售业绩，在各家分店中独占鳌头。

尽管分店店长的待遇还算不错，但她核算了自己的收入后，发现到手的钱还不够在广州买个卫生间。为了能在广州定居，她大胆地竞聘区域经理的职位，以获得更高的收入。

敢想敢拼的个性，让她脱颖而出。此后，她的收入一路飙升，终于在广州的四环外买了一套一居室。

如今，莎姐姐的故事还在续写，并收获了更多的精彩和幸福。引用她的一段话作为总结：“从来没有无缘无故的好和坏，也没有莫名其妙的成功与失败，有的只是我们对当下的把握和努力。”

是啊，只要你向往更好的生活，并为之付出努力，老天终究不会辜负你。

在这个世界上，不想安于现状的人有很多，但真正能改变现状的人并不多。如果你连自己都改变不了，不想付出更多的努力，那么梦想对你来说就是幻想。

请记住，敢想更要敢拼，这样你才能拥有属于自己的未来。

没有人可以指责他人的悲伤

-1-

不知道你有没有这样的经历：明明心里很难受，但为了不让家人担心，为了维护自己与朋友、同事间的关系，而不敢发泄情绪，还要努力装作一副开心的样子，微笑着面对每一个人。

我的高中同学毛毛就是这样的人。她总给人留下乐观的印象，即使在高三那种高压环境下，也一直扮演着给我们加油打气的角色。

在我们眼里，毛毛就像个能给大家带来温暖的小太阳，没有人相信她会伤心难过。

直到有一天，我吃完午饭匆匆赶回寝室取东西，看见了正埋在被子里抽泣的毛毛。

原来毛毛根本没有我们想象中那么乐观，高考在即，她和其他同学一样会焦虑、恐慌，但从小的家庭教育让她学会了掩藏自己的负面情绪。

毛毛说，大家都很紧张，她不想再营造消极的气氛。总有一个人要给大家带来欢乐，那么，她想这个人应该是她。

这话听得我鼻头一酸。我很少见到像毛毛这样为他人考虑的女孩，同时我也替她难过，年纪轻轻就要努力掩藏自己的情绪，还要装作一副没事的样子去安慰别人。

可惜，老天并未垂青这样一个善解人意的女孩。高考时，毛毛名落孙山，后来便和我们断了联系。

那时，我为毛毛的遭遇感到惋惜，现在想想，毛毛可能是患了抑郁症。

不是所有的抑郁症患者都会沉默寡言、郁郁寡欢。有一种抑郁症叫“微笑抑郁症”，其患者由于生活的需要，工作的需要，面子的需要，礼节的需要，尊严和责任的需要，大多数时间都面带微笑，但这种微笑并不是发自内心的真实感受，而是一种负担，久而久之造成情绪上的抑郁。

微笑抑郁症的危险之处在于患者可能不知道它的存在，更不要提接受治疗。除非患者主动求医，否则很难被人察觉。谁又能想到，一个每天面带微笑的人可能是抑郁症患者？

-2-

喜剧大师卓别林曾经历了这样一件事：

有一段时间，他得了很严重的忧郁症。医生对他说："最近我们城里来了一个特别幽默的人，已在街上讲了三天笑话，全城的人这几天都过得特别开心，我建议你去找他。"

卓别林说："我就是你说的那个特别幽默的人。"

卓别林不是个例，很多为大家带来欢乐的喜剧演员都表示患过抑郁症。英国著名喜剧演员斯蒂芬·弗雷患有双相情感障碍，并表示有过自杀尝试；曾在2012年伦敦奥运会逗笑了世界观众的"憨豆先生"，也因患抑郁症到美国接受治疗；还有2014年在家中自杀身亡的好莱坞喜剧明星罗宾·威廉姆斯……

一个给别人带来快乐的人，自己却快乐不起来，听着很讽刺，但也是一个不争的事实。

幽默与抑郁未必成反比，无论你有多高的喜剧天分，都有可能患上微笑抑郁症。如果不能及时治疗，抑郁的情绪就会越积越多，最终火山爆发，一发不可收拾。

-3-

为什么幽默的人也会得抑郁症？这与他们长期压抑自己的情感有关。这一点在喜剧演员身上表现得尤为突出。与普通人相比，他们需要苦心孤诣地寻找更多笑点，但这个过程是孤独甚至痛苦的。长此以往，他们体验快乐的感觉会下降，进而产生厌恶感，也因此更容易患抑郁症，或精神分裂、双相情感障碍等疾病。

而那些生活在我们周围的微笑抑郁症患者，他们更多的是习惯了在别人面前微笑。在这个过程中，他们会获得一种安全感，保证自己真正的情绪不外泄。他们不愿甚至不敢承认自己会难过，在他们眼里，悲伤、流泪都是软弱的表现，而微笑则成了一种掩盖脆弱内心的工具。

有人说，眼见为实。但未必是这样，就像微笑抑郁症。我们要清楚，微笑分两种：可能是发自内心，也可能是逢场作戏。我们很难分辨它们。有的人微笑不一定是出于心底的快乐，而是受到后天的某种约束，或是自我意识上的压抑。如上文的毛毛，从小就被教育不可以随意把消极的情绪展现出来，要尽可能考虑他人的感受，结果一再压抑，直到最后关头全部崩盘。

-4-

活着，其实不必那么累。

我们生活在这个世界上，难免会戴上一张面具掩藏自己的本来面目。可能你是为了更好地与人交流、融入群体，也可能你感觉放声痛哭很丢面子，或者不善于表达自己的情绪。这些都无可厚非，但无论如何，我们不能因为这张面具而勉强自己。

也许你会害怕，害怕别人讨厌那个抑郁的你，害怕别人嘲笑那个悲伤的你。因此，比起被讨厌和被嘲笑，你宁愿装出一副快乐的样子忍耐下去。但你要明白：悲伤如饮食，是正常且不可避免的，没有人可以一辈子活在快乐之中。

如果你感觉自己已经处于崩溃的边缘，那么请你别再害怕成为别人的负担，大胆地向你的亲人或朋友吐露心扉。有时候，掩饰久了，你会忘记这个世界有多少人站在你身后，给你加油助威。

每个人都有哭泣的权利，没有人可以指责他人的悲伤。愿你的下一次微笑来自内心，让微笑抑郁症得以根除。